U0193403

[澳]马丁·托米奇

[澳]卡拉·瑞格利

[澳]玛德琳·波思威克

[澳]纳西姆·艾哈迈杜尔

[澳]杰西卡·弗雷利

[澳]A.巴克·科卡巴利

[澳]克劳迪娅·努恩·佩切科

[澳]卡拉·斯特拉克

[澳]连·洛克　　　编著

设计　考
思　作
制　破
突　复
重

宋斯扬　译

设计的方法

辽宁科学技术出版社
沈阳

© 2021 辽宁科学技术出版社

著作权合同登记号：第 06-2020-133 号。

版权所有·翻印必究

图书在版编目（CIP）数据

设计的方法 /（澳）马丁·托米奇等编著；宋斯扬译. — 沈阳：辽宁科学技术出版社，2021.11
ISBN 978-7-5591-2289-6

Ⅰ.① 设… Ⅱ.① 马… ② 宋… Ⅲ.① 设计学 Ⅳ.① TB21
中国版本图书馆CIP数据核字（2021）第197667号

出版发行：辽宁科学技术出版社
　　　　　（地址：沈阳市和平区十一纬路25号　邮编：110003）
印 刷 者：辽宁新华印务有限公司
经 销 者：各地新华书店
幅面尺寸：170mm×240mm
印　　张：13
字　　数：280千字
出版时间：2021年11月第1版
印刷时间：2021年11月第1次印刷
责任编辑：闻　通
封面设计：何　萍
版式设计：李天恩
责任校对：闻　洋

书　　号：ISBN 978-7-5591-2289-6
定　　价：78.00元

联系电话：024-23284740
邮购热线：024-23284502
E-mail:605807453@qq.com

目录

前言

　　设计是一种与我们的日常生活和职业生涯紧密相关的思维方式。在日常生活中，设计思维是一种对个人的日常活动中出现的需求和情景的回应：决定一餐的组成部分；选择将要穿的衣服；将物品摆放在架子上或房间中……作为专业设计师，我们参与着一个更复杂的设计过程，该过程评鉴并反映了我们的教育、以往的经验以及对普遍方法的应用和适应性。正式的设计方法可以追溯到 4 000 年前的巴比伦时代。2 000 年前，罗马建筑工程师维特鲁威 [1] 撰写了一部包含十卷的论著，其中涉及那个时代建筑和工程领域中一系列具体问题的设计方法。今天，我们已经从针对单个问题的特定方法转变为一系列适用于广泛语境中的方法。本书提供了一系列的方法作为工具箱，可供专业设计师和业余设计师轻松地采用和修改。

　　设计师越来越多地定义着我们所居住的世界，并影响着人们的生活质量、社会生活和经济福利。设计要比工程完成后所使用的某一种样式或美学更深刻。对于设计方法，早期侧重于从需求和性能标准到高效且具有成本效益的解决方案的映射。随着设计思维的发展，我们看到的设计方法包括并超越了对设计对象或系统的思考，这些对象或系统旨在关注设计所要服务的人。本书以悉尼大学设计实验室的设计研究、实践和教育为基础，涵盖一系列广泛的设计方法，旨在帮助设计师专注于新的设计如何能够对人的需求、渴望和心理模型做出反应并被牢记。

　　设计实验室及其前身"设计计算与认知关键中心"的起源可以追溯至 20 世纪 60 年代，其专注于设计的质量以及计算系统如何改善人们对设计作为一个创造性过程的理解方式。多年以来，设计实验室的教职员工和学生致力于为设计认知、人工智能设计模型、计算创造力以及最近的以人为本的设计提供强有力的理论和方法论基础。

　　本书代表了设计教育和实践方面的另一个重要的贡献。它为初学者和专业设计师提供了一套资源和指南。作为为设计初学者和仍从事教育实践的设计师量身定制的一套指南，它提供了可以应用在设计过程各个阶段的理解范围和多种方法。对于专业设计师来说，这套指南也是一种资源，可以为这些设计师在尝试他们尚未考虑过的方法时提供灵感。本书综合了一般描述的方法和案例研究的背景，以及作者从多角度对设计教育和理论所阐明的综合性观点。

　　约翰·杰罗（John Gero）、玛丽·卢·马赫（Mary Lou Maher）

　　悉尼大学设计实验室创始人

　　2017 年 10 月

---

1 维特鲁威（Vitruvius），公元前 1 世纪罗马工程师。著有关于建筑与工程的论著《建筑十书》——译者注

设计 计 考 作 破 复

思 制 突 重

引言

引言

马丁·托米奇（Martin Tomitsch）、卡拉·瑞格利（Cara Wrigley）

设计已经不再是一门局限于单一且特定领域的学科。与大多数其他行业一样，第四次工业革命的到来对设计领域提出了挑战。系统变得越来越复杂，从可穿戴屏幕到虚拟现实耳机，都需要更直观的用户界面和多个接触点。从智能城市到物联网，再到医疗设备，数字系统正在融入物理环境和产品中。技术的进步正在改变设计过程。因此，我们必须整合构成全球最具创新性解决方案的所有领域、方面和功能的需求。我们必须进行设计→思考→制作→突破，然后重复。

设计的发展

随着工业、技术和市场的变化，设计的责任随着时间的推移而不断发展。[①] 近一个世纪以来，设计一直用于在各个行业中获得竞争优势。在设计作为一个专业领域之初，需要设计师与工程师共同参与，从而实现更好的施工技术。

随着市场的变化并追赶上了这一趋势，设计的角色已转变为通过提供具有更好的外观、更好的人为因素或适用性，以及更好的性能的产品来提供一个战略优势。在 21 世纪初，设计的角色再次发生了变化，公司寻求设计师帮助他们开发更好的想法和一体化，现在还包括更好的体验和社会包容性。

随着我们的全球环境和生活环境变得越来越复杂，设计的角色也再次发生变化。我们正面临着前所未有的全球性挑战，例如人口增长和大规模的城市化，而科技正在以迅猛的速度前进并渗透到我们生活的方方面面。

现在，设计被视为解决复杂的、非线性问题的途径，而这些问题不能单靠技术或科学方法来解决。设计为了解人们的需求提供了一个框架，同时提供了将这些需求转化为解决方案的空间。在设计作为一个领域的发展过程中，这种使用方法第一次不再局限于熟练的设计专业人员。将设计作为一种思维方式在许多专业领域中成为一种战略优势。因此，设计正在成为一种提升能力的技能，使人们具备处理不确定性、复杂性和失败的能力。

在过去的 20 多年中，人们对"设计思维"一词产生了很大的兴趣，这主要是因为它作为一种商业战略开发的替代方法被纳入商业领域中。赫伯特·A. 西蒙（Herbert A. Simon）[1] 在其著作《人工智能科学》[②]中首次将设计称为一种"思维方式"，并提出了一种结构化的方法，利用设计方法将现有的一种情况转化为首选情况，帮助连接不同的元素，从而形成一个最终的解决方案。在 20 世纪 80 年代，"设计思维"一词用于描述建筑和城市规划中的设计过程。[③]从那时起，设计界就已经制定了几个框架，以提供有关在设计过程的各个阶段何时、如何，以及采用哪种方法的指南。这些早期的作品奠定了今天设计作为创新方法的角色和地位的基础。

将这种思维方式转化为一个框架的两种流行设计模型是由斯坦福大学设计学院提出的蜂窝模型和由英国设计委员会发布的双钻石模型。蜂窝模型包括移动、定义、构思、原型和测试阶段，并强调在进行一个设计项目时，在这些阶段之间反复移动的重要性。双钻石模型包括发现和定义（第一颗钻石）以及开发和交付（第二颗钻石）阶段。每一颗钻石都鼓励发散思维，然后是聚合思维。第一颗钻石从一个问题的状况开始，并以一个问题的定义结束，并且重点在于理解问题。第二颗钻石使用由此产生的问题定义来作为设计摘要，并关注如何找到正确的解决方案。

尽管一些学者批评他们将设计简化为一个过程，但是像蜂窝模型和双钻石模型这样的模型却为我们提供了独特的视角和思考因素。这两种模型使组织可以采用自己的正规设计方法来告知他们如何操作并设计他们自己的产品与服务。

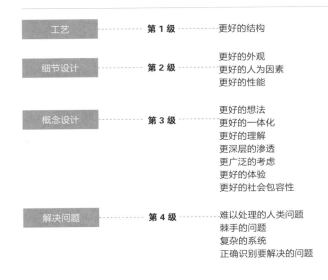

| 工艺 | 第 1 级 | 更好的结构 |

| 细节设计 | 第 2 级 | 更好的外观
更好的人为因素
更好的性能 |

| 概念设计 | 第 3 级 | 更好的想法
更好的一体化
更好的理解
更深层的渗透
更广泛的考虑
更好的体验
更好的社会包容性 |

| 解决问题 | 第 4 级 | 难以处理的人类问题
棘手的问题
复杂的系统
正确识别要解决的问题 |

设计角色的不断变化，以通过获得更高质量的产品、服务、系统和环境来提供竞争优势。第 1 级至第 3 级基于欧文[4]的原始图表。

1 赫伯特·A. 西蒙（Herbert A. Simon），美国 20 世纪科学界通才，研究工作涉及多个领域，并做出了创造性贡献。1978 年获得诺贝尔经济学奖，1975 年获得图灵奖。——译者注

设计、思考、制作、突破、重复

寻求一个创新的解决方案通常不是依靠一条清晰且直接的途径。设计需要了解上下文（思考部分），将原型构建为有形的表现形式（制作部分），并测试潜在的解决方案（突破部分）。与其在每一个步骤上花费大量时间，不如尽可能快地、经常性地完成整个过程（重复部分），这样会更有效率。越早突破一个想法或概念，我们就可以越快地集中精力改进它。

设计思维

为了使创新成功，至关重要的是不仅要拥有适当的技术和商业机会，而且要确保对产品或服务有一种真正的需求和渴望。来自麻省理工学院斯隆管理学院的埃里克·冯·希佩尔（Eric von Hippel）教授表示，70%—80% 的新产品开发失败并非因为缺乏先进的技术，而是由于未能理解用户的需求。现在很多公司发现最具挑战性的难题是了解我们为谁设计以及如何满足他们的需求。

为了了解我们为谁设计（用户、客户或其他利益相关者），培养具有同理心的能力很重要。设计思维使用了一系列的方法来培养同理心，从真实的人那里收集数据，并将这些数据转化为想法和概念。

设计制作

在设计思维阶段收集的数据和想法可以转化为概念和原型，即设计制作过程的一部分。在这里，我们可以构建解决方案的有形的表现形式（或多个表现形式）。在某些情况下，这也被称为最小可行性产品（MVP）。一个概念、原型或最小可行性产品，既可以表示某一个特定场景、整个用户界面，也可以只是作为概念技术证明而构建的一项功能。

设计过程的各个步骤是相互连接并相互联系的，它们不会彼此孤立地形成。最初收集的研究数据越有效，解决方案的有形表现形式就越实用。

图示为本书中使用的设计产品或服务的模型。这些方法并不局限于某一个阶段，其中的许多方法可以应用于一个设计项目的不同阶段。

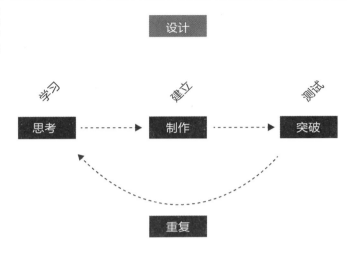

设计突破

　　找出想法是否可行的一种方法是将其展示在潜在的用户或客户面前。有时可能有必要放弃一个想法或概念，以便使更好的想法能够浮出水面。为了突破一个设计的解决方案则需要接受失败。换一个角度并迅速地探索多种方法可以有效地解决复杂的问题。

　　1959 年，英国实业家亨利·克雷默（Henry Kremer）设立了一个奖项，用于奖励能够设计出可以绕着相距半英里（1 英里 ≈ 1.609 千米）的两杆之间进行 8 字形航线飞行的人力飞机的设计师。尽管进行了 50 多次官方尝试，该奖项连续 17 年无人赢得。1976 年，一位名叫保罗·麦克雷迪（Paul MacCready）的航空工程师通过从不同的角度看待这个问题从而完成了这项挑战。当其他所有人都在试图建造一架能够在两杆之间进行 8 字形航线飞行的人力飞机时，保罗·麦克雷迪却建造了一架可以在坠毁数小时内重新组装的飞机。他的团队经常一天要多次损坏飞机，并从这些失败中学习如何改进他们的方法。他们最终的解决方案是建造了一架可以缓慢飞行的轻型飞机。不断突破自己的观念加速了设计师寻找新的、成功的解决方案的过程。

重复步骤

最后一步是重复先前的所有或部分步骤。每一次迭代都会带来新的见解，而新的见解将使产品或服务与市场上的其他解决方案区分开来。快速地设计、思考、制作并突破许多不同的表现形式，而不是只限于努力创建一个完美的解决方案，这样会带来更具创新性的结果。

根据戴维·贝勒斯（David Bayles）和泰德·奥兰德（Ted Orland）的说法，有一天一位陶瓷老师宣布他将把自己的课堂分为两组。[5]他向小组成员解释说，所有坐在工作室左侧的人将根据他们创作的作品数量进行评分，而坐在右侧的人将根据作品的质量进行评分。在对学生的论文进行评分时，他发现那些注重论文数量的学生比那些努力完成高质量论文的学生提出了更有趣、更新颖的作品。不拘泥于一个想法可以让学生快速尝试许多不同的想法，从而产生整体质量更高的作品。

我们为谁而设计

在交互设计中，设计产品的最终消费者通常被称为用户。这一概念也反映在用于描述新兴设计学科的术语中，例如用户体验设计，以及诸如以用户为中心的设计方法论。但是，这并不总是能准确反映谁正在购买或参与最终的设计解决方案。在商业世界中，术语"客户"一词经常被拿来使用。在某些情况下，用户可能不是产品的客户。例如，Facebook 上的用户与那些为定向广告付费的客户是不同的。Facebook 作为一个平台，其设计需要同时考虑并确定这两者。设计过程可能还需要考虑其他利益相关者，这些利益相关者是个人或组织，他们对解决方案有着浓厚的兴趣，也可能从中受益或遭受损失。"用户""客户"和"利益相关者"这 3 个术语并非总是可以平等互换，并且在本书中也不都是经过精心选择和使用的。

如何使用这本书

本书是作为一种学习资源和参考指南而编写的，以帮助读者理解设计过程，并将其作为解决复杂问题和开发具有创新性解决方案的方法。本书中介绍的方法适用于各种设计项目，并且适用于一系列领域和行业。这种跨视角的方法也反映在书中设计概要和案例研究的选择上，从设计自动驾驶汽车到设计未来的购物体验。

本书囊括了 60 种设计方法，每一个设计方法包括一个完整的说明，以及分步练习和现成的空白模板。这些方法按英文字母顺序进行排列，而非根据不同的阶段进行架构，这样做可以使多种方法在不同阶段中被灵活地使用和采纳。书中的图标表示通常使用每个方法的阶段。然而，对于何时可以应用或不能应用某一种方法并没有硬性规定。

书中的模板可以复印或者直接在书中使用。另外，本书附有一个网站（www.designthinkmakebreakrepeat.com），该网站提供了模板的可打印版本以及更多的资源，以详述如何使用这些方法。

除了丰富的设计方法和材料资源外，本书还适合有着各个学科背景的学生和读者的自学使用。它提供了日常工具，可以通过在练习中实际应用这些方法来帮助人们形成对设计思维的理解。书中包含的设计方法由该领域的权威专家提出。这些练习基于多年教学方法的经验总结。所有的设计方法都以研究为基础，并连接着针对每一种设计方法而提供更多详细信息的学术文章。

笔者鼓励研究人员、设计人员和学习人员使用、修改、重新解释和点评本书的内容。我们欢迎任何反馈、改进意见或成功的经验，尤其是失败的经验！本着这种精神，我们期待着通过与大家的对话而使设计不断发展。

参考资料

① Owen, C. L. (1991). Design education in the information age. Design Issues, 7(2), 25–33.

② Simon, H. A. (1969). The sciences of the artificial. Cambridge, MA: MIT Press.

③ Rowe, P. G. (1991). Design thinking. Cambridge, MA: MIT Press.

④ Owen, C. L. (1990). Design education and research for the 21st century. Design Studies, 11(4), 202–206.

⑤ Bayles, D., & Orland, T. (2001). Art & fear: Observations on the perils (and rewards) of artmaking. Image Continuum Press.

设计 计
思 考
制 作
突 破
设 重 复

设计方法

·5个为什么

发现问题陈述背后的根本原因

学术资源

Andersen, B., & Fagerhaug, T. (2006). Root cause analysis: simplified tools and techniques. Milwaukee, WI: ASQ Quality Press.

Collins, J. C., & Porras, J. I. (1996). Building your company's vision. Harvard business review, 74(5), 65.

Price, R. A., Wrigley, C., & Straker, K. (2015). Not just what they want, but why they want it: Traditional market research to deep customer insights. Qualitative Market Research: An International Journal, 18(2), 230-248.

Semler, R. (2004). The seven-day weekend: a better way to work in the 21st century. New York, NY: Random House.

5个为什么方法有助于揭示任何表面问题背后潜在的根本原因。该方法提供了一种结构化的方式，通过反复询问为什么，为给定的问题提供更深入的理解。这种迭代方法最初由丰田汽车公司开发，用于在制造业中对根本原因进行分析。尽管有工程背景，5个为什么方法仍是一种流行的设计方法，它用于从表面的问题中得出假设，并加深对某一个问题的理解。持续提问的目的是确保正确的问题得到检验，并成为设计过程的核心。

这种方法可以由设计团队的成员独立完成，也可由与初始问题陈述相关的利益相关者完成。例如，完成者可以是一个客户，也可以是来自在同一个项目中工作的不同团队的人。重要的是，参与该设计方法的每个人都必须熟悉问题情况。

该设计方法从一个第一级的表面问题陈述开始，该陈述应基于先前研究活动的发现成果。例如，最初的采访或问卷调查可能已经揭示了问题的情况。一旦确定了问题陈述，我们就会问自己为什么会出现这个问题。为了找到问题的根本原因，我们继续反复地要求自己解释先前的答案。通常，问题为什么会被问5次，直到确定令人满意的根本原因，才可以调整迭代的次数。提问的次数也可能取决于回答问题的人的坚持程度。该设计方法在设计过程的早期阶段有助于确定正确的问题陈述。

练习

在这个练习中，你将练习使用 5 个为什么设计方法，并创建一个问题陈述来总结你所发现的内容。请使用 p.165 中的模板来跟踪回复。从模板的顶部开始，然后逐步向下进行。

1 选择一个初始问题陈述，并将其写入模板的问题之下。
例如，大多数内城区居民在离家最近的超市购物。因此，如何使一家超市品牌能够成为首选，而不仅仅是因为距离最近？
（1 分钟）

2 问问自己为什么会存在这种情况，并在第一个框中写下你的答案。答案句应该够长，这样才能提供足够的细节来继续提问。
例如，人们选择这家超市是因为它位于下班回家的路上。
（3 分钟）

3 第二次问为什么，并在第二个框中写下你的答案。
例如，因为他们喜欢每天晚上决定买什么东西的便利性。
（3 分钟）

4 第三次问为什么，并在第三个框中写下你的答案。
例如，因为有时候和朋友出去的计划是在最后一刻出现的。
（3 分钟）

5 第四次问为什么，并在第四个框中写下你的答案。
例如，因为在最后一刻改变计划可能会导致储存在冰箱里的食物变质并造成浪费。
（3 分钟）

6 第五次问为什么，并在第五个框中写下你的答案。
例如，因为浪费食物就是浪费钱，并且对环境不利。
（3 分钟）

7 一旦你感觉到自己发现了问题的根本原因，就请详细描述它，并提出一些可能的解决方案来解决根本问题。
例如，为内城区的居民设计一项服务，通过提供适合顾客需求和时间表的接送服务，来消除超市实际位置的重要性。
（25 分钟）

·A/B测试

A优于B，是不是？

学术资源

Muylle, S., Moenaert, R., & Despontin, M. (2004, May). The Conceptualization and Empirical Validation of Web Site User Satisfaction. Information and Management, 41(5), 543-560.

Tullis, T., & Albert, B. (2013). Measuring the user experience: collecting, analyzing, and presenting usability metrics. Elsevier/Morgan Kaufmann (2nd ed., pp. 216-218).

A／B测试是一种评估方法，它包括对同一产品的两个不同版本进行并行测试，以确定哪个版本更适合某个特定的用户需求或业务目标。它还可以用于评估现有产品的新版本，并与之前版本做对比。它最适合针对一个设计解决方案中的小的、增量的更改进行测试。通过对已知变量的更改进行限制，就可以了解该变量的效果。

尽管这种方法最常用于比较网站用户界面设计的替代版本，但 A／B 测试也可以应用于有形的产品或原型。重要的是，在测试之前需要阐明更改或特征背后的预期设计目标。在概述所期望发生的事情时，我们用一个测量点来检验自己的假设。例如，当用 A／B 测试对一个简单的与一个复杂的搜索功能进行测试时，我们可能会预测出简单的搜索功能更易于使用。

在给定的场景下，A／B 测试有助于快速地诊断出 A 或 B 哪一个更有效。例如，当测试一个网站上某个横幅的位置时，完成一个特定任务所花费的时间度量可以揭示出可见性或可访问性方面的一些可比较信息。然而，此信息不足以揭示一种方案优于另一种方案的原因。增加事后的体验式访谈和其他定性方法可以提供除基于指标的评估之外的见解。

练习

在这个练习中，你将使用一对低精确度的原型来进行 A / B 测试。原型应该只在单个变量上有所不同，例如，按钮的大小或位置。请准备好低精确度原型，或使用随附网站上的参考资源。

1 确定在原型中需要测试的变量。写下一个简短的陈述来总结你的假设，你期望这种变化会产生什么效果？
例如，较大的提交按钮更容易被找到。
（5 分钟）

2 问问自己为什么会存在这种情况，并为原型准备两套用户界面草图。这两个草图（A 和 B）应该仅在你想要探索的设计选择上有所不同。
例如，版本 A 包含一个大按钮；版本 B 包含一个小得多的按钮。
（15 分钟）

3 选择让用户使用你的原型的任务。
例如，填写并提交航班预订查询表。
（5 分钟）

4 选择将用于比较哪个版本（A 或 B）更好的评估指标。它应该符合你的假设。
例如，用时间作为度量标准，用户完成并提交表格需要多长时间？
（5 分钟）

5 为第一位参与者提供有关该任务的书面说明。要求他们先使用版本 A 来执行任务，然后使用版本 B 来执行任务。对于每个版本的执行情况，请记录与你的评估指标相关的信息。
例如，记录任务的开始和结束时间。
（20 分钟）

6 通过比较你的评估指标来比较使用版本 A 和版本 B 后的结果。
例如，任务时间 = 停止时间 – 开始时间。

7 与你的第二位参与者再重复一次任务，但按照相反的顺序给他们安排 任务（先是版本 B，然后是版本 A）。这抵消了测试顺序可能对结果产生的影响。为了使这种方法具有统计意义，应该同许多用户重复进行该测试。
（20 分钟）

亲和图

将研究数据转化为用户需求

学术资源

Holtzblatt, K., Wendell, J.B., & Wood, S. (2005). Chapter 8, Building an Affinity Diagram. In Rapid Contextual Design, Burlington, MA: Morgan Kaufmann.

全面的用户研究并不仅限于收集数据。通过分析数据来得出有关设计问题的见解也同样重要。诸如采访等用户研究方法可能会产生大量数据，这使得仅通过浏览数据很难获得一些见解（例如，收听录音或文字整理稿）。

亲和图是一种用于处理此类数据的简单且经济高效的系统方法，其本质上通常是定性的。它可以一方面对数据进行分析（将数据分解为多个部分），一方面对数据进行综合（由多个部分组成一个连贯的整体）。

理想情况下，一个亲和图是由一组人员生成的，其中包括设计师和其他利益相关者。参与者共同浏览数据并确定具体的问题或观察结果，并将这些问题或观察结果记录在一张黄色便利贴上，称为亲和力注释。这样做的目的是通过仅在每个便利贴上记录一个方面来创建尽可能多的注释。然后，根据常见主题将这些注释进行分组并贴在墙上，且每一组使用蓝色便利贴进行标记。从用户的角度看，蓝色便利贴要使用第一人称书写。根据数据量的不同，重复此步骤并将蓝色便利贴收集到一起，且使用粉色便利贴在上面做注释，同样也采用第一人称书写，并进一步抽取出数据。

最后一步是"沿着墙走"以便产生想法。在这一步骤中，将潜在解决方案中的具体想法记录在绿色便利贴上，并附加到特定的粉色、蓝色或黄色便利贴上。

练习

需要准备 2—6 人，笔、纸、便利贴（黄色、蓝色、粉色、绿色）、一面墙

在这个练习中，你将使用自下而上的方法来分析一个采访整理稿中的数据。使用亲和图方法来收集数据，以便显现出主题和模式。如果你没有自己的数据，可以使用随附网站上的参考资源中包含的采访整理稿。

1 请每个人阅读采访数据中的一个不同部分。阅读时请用笔在文本处做标记，并从中找出用户表达其兴趣、需求、议题和动机的陈述。
（30 分钟）

2 在黄色便利贴上做亲和力注释。每个注释应记录在数据中发现的观察结果。请在每个注释中写一项观察。这样做的目的是创建大量的注释，并且在写完后将其贴在墙上。
（10 分钟）

3 作为一个群组，黄色便利贴有着明显的相似性。请对它们进行重新排列，以使相似的观察结果位于同一列中。每一列应该有 3—6 个注释；如果还有更多注释，你可能需要隐藏一个需要分为新列的特质，以创建更多的群组。
（10 分钟）

4 使用蓝色便利贴来标记每个群组，并将其放置在列的顶部。蓝色便利贴上面应该记录着一个用户的声音所表达出来的一种需求。
例如，"我想在不需要搜索的情况下快速找到它们"。
（10 分钟）

5 开始添加粉色便利贴。将看起来具有相关主题特征的蓝色便利贴放在一个群组中。再在群组上方放置一个粉色便利贴，并在其上做一个独特的标记。粉色便利贴上的标记语言也是用户的观点。
（10 分钟）

6 沿着墙走，并自上而下地浏览亲和图。如有必要，更改标记并移动便利贴，以创建更强大的用户需求和见解。
（10 分钟）

7 找到解决具体的便利贴注释的潜在解决方案，并使用绿色便利贴添加注释。
（5 分钟）

Time: 7:06am
Duration of use: 2 minutes
Location: Bed

"My iPad is the first thing I touch and look at in the morning"

turn off the alarm and head to the shower.

·自传体日记

思考他人生活的出发点

学术资源

Breakwell, G.M. (2006). Using Self-recording: Diary and Narrative Methods. Research Methods in Psychology (pp. 254-273), Sage.

Go, K. (2007). A scenario-based design method with photo diaries and photo essays. Human-Computer Interaction. Interaction Design and Usability, 12th International Conference, Proceedings, Part I (pp. 88-97), Springer.

Neustaedter, C., & Sengers, P. (2012, June). Autobiographical design in HCI research: designing and learning through use-it-yourself. In Proceedings of the Designing Interactive Systems Conference (pp. 514-523). ACM.

Carter, S., & Mankoff, J. (2005, April). When participants do the capturing: the role of media in diary studies. In Proceedings of the SIGCHI conference on Human factors in computing systems (pp. 899-908). ACM.

自传体日记是记录用户自我报告数据的一种行之有效的方法。与其他方法相比，例如，调查问卷（p.102）或访谈（p.78），使用自传体日记这种方法可以使用户在事件发生的时候进行记录。在设计研究中，自传体日记通常用于了解人们如何完成日常活动，以便指导或评估新产品或服务的设计。

自传体日记的使用历史悠久。人们已经在日记和笔记本中记录了他们的个人经历，近些年还出现了博客之类的数字媒体。自我记录的过程有助于加深对自己实践的理解。在设计过程中，自我记录是反映他人如何体验产品或服务的一种有价值的工具。

在设计中，自传体日记通过使用文字和一些视觉方式来记录日常产品或服务的使用情况。自传体日记的使用旨在提供另一种观点或出发点，而不是作为一个独立的数据收集方法。因此，自传体日记是对研究方法的补充，这些方法旨在形成一种对用户需求的客观看法，从而消除设计师的个人观点。但是，诸如自我测试之类的非正式实践确实隐含在每个设计过程中，通常是在其他人对设计进行测试之前。事实上，记录下这种自我体验的过程可以成为进一步反思的机会。

自传体日记可以在设计过程的最初阶段使用，这样既可以获得灵感，又可以通过其他设计方法找到可以进一步探索的一般问题。

练习

在这个练习中，你将选择一项家用技术来进行反思。或者，你可以选择一个与你所关注的设计问题相关的对象。每天记录你的两次思考，并持续 5 天。

1 在日记中的每一个条目均以文字描述开始，其中包括以下信息：
- 日期和地点：即事情发生的时间和地点。
- 背景描述：即在哪种环境中使用该技术。
- 体验式美学：例如感觉、记忆触发、联想。
- 反思性记述：例如，该对象的哪些特征最令人难忘，为什么？该对象如何使你执行任务？
- 你作为一名设计师和用户的偏见有何不同？

（30 分钟）

2 根据在体验中所出现的情况，来形成自己的关键问题。将这些问题写下来，然后在日记条目中反思并回答这些问题。

3 描述你使用图片的体验。把照片看作是可以辅助你讲述一个故事的工具，并且对形成部分体验的过程和物品进行拍摄。在图片上写下小标题和注解，以便帮助你描述这些叙述内容。

4 完成日记后（在 5 天内至少进行 10 次反思），花一些时间来总结和反思所学到的经验教训，并把它们写下来。
问自己一些相关问题的例子：
- 你对自己所接触的对象是否有新的认识？
- 如何看待你的行为模式会影响你在整个过程中与该特定对象进行互动的方式？
- 你在文件编制过程中有什么体会吗？

（20 分钟 / 用 5 天时间来记录反思）

·体力激荡

用身体思考

学术资源

Oulasvirta, A., Kurvinen, E., & Kankainen, T. (2003). Understanding contexts by being there: case studies in bodystorming. Personal and ubiquitous computing, 7(2), 125-134.

Burns, C., Dishman, E., Verplank, W., & Lassiter, B. (1994, April). Actors, hairdos & videotape – informance design. In Conference companion on Human factors in computing systems (pp. 119-120). ACM.

Schleicher, D., Jones, P., & Kachur, O. (2010). Bodystorming as embodied designing. Interactions, 17(6), 47-51.

体力激荡是头脑风暴的一种形式，其重点在于通过物理探索、经验和互动来产生想法和意想不到的见解。虽然头脑风暴通常是用笔和纸坐下来完成的，但是体力激荡需要积极的身体参与和应对一些情况的经验。利用整个身体将情况表演出来，这样可以使我们能够利用自己对世界的感觉和感受来体验世界。

在谈论我们如何体验世界时，这种隐性知识并不总是容易获得，但可以通过合作将情况表演出来的方式获取。这些共享的经验可以加深我们对人们如何体验我们设计的产品或服务的理解，同时有助于我们获得同理心。

当目标是探索和理解现有的实践，从而确定当前问题和设计理念的机会时，可以将体力激荡作为体验原型（p.58）的一部分。从熟悉的情况开始可以帮助参与者形成必要的思维方式，以预见未来的场景和实践。

可以借鉴戏剧和戏剧化的即兴创作技术，来帮助我们探索现有的和可替代的情况。假设情景、道具和角色扮演可以帮助设计师和用户进行合作，探索并模拟真实或预想的产品以及服务的使用和体验。在进行体力激荡之前进行身体热身非常重要，因为这需要我们通过实际行动的经验来进行广泛思考。因此，这种方法的一个重要方面就是享受嬉戏的乐趣。

练习

　　通过实际行动和即兴创作来对一种现有情况进行探索，其目的是揭示意想不到的见解并发现可设计的机会。可以使用随附网站上的参考资源中包含的提示表来帮助你继续进行体力激荡。

1 对问题情况进行头脑风暴，等待医生的预约。考虑至少 3 种可能发生的不同情景。记录下出现的任何想法，且在进行体力激荡的过程中对这些想法进行探索。在第一张纸上记录问题和想法，并在第二张纸上记录情景。
（10 分钟）

2 可以通过使用家具、胶带和纸模型（指示牌、屏幕、物体等），设置一个实际存在的空间来模拟医生的候诊室。
（10 分钟）

3 给每个人分配角色，一名演员或一名观察员：
- 演员：由两个或两个以上的人来解释场景并进行角色扮演。使用便利贴来标记演员。演员也可以扮演一些物件的角色，例如提醒器。演员通过即兴创作来产生一系列动作。
- 观察员：由一个人观察，做记录，绘制草图，并用照片记录下本次体力激荡。观察员可以从提示表中调出诱因。

4 表演一个具体的情景：当你进入候诊室时，里面的人已经满了。你发烧了，且被告知将需要等待一个小时……
（15—20 分钟）

5 针对出现的问题，可以使用道具来生成解决方案，例如，虚拟设备。你可以先在一张纸上画一个简单的草图。随着情景的发展和用户需求的确定，可以通过改变虚拟设备的形式、功能和行为来对其进行修改。快速地勾画出变化，并将其融入情景演出中。

6 随着角色扮演的继续，请尝试"冻结"和"假设"诱因。

7 切换角色，并针对不同的情景进行重复。
（15—20 分钟）

8 讨论和记录：
- 你从问题情况中学到了什么？与头脑风暴相比，你发现了什么新的、不同的或意想不到的东西？
- 通过体力激荡，你发现了哪些设计机会？
（10 分钟）

·脑力书写 6-3-5法

相互借鉴

学术资源

Rohrbach, B. (1969). Kreativ
nach Regeln – Methode 635, eine
neue Technik zum Lösen von
Problemen [Creative by rules -
Method 635, a new technique for
solving problems]. Absatzwirtschaft
(Vol. 19, pp. 73-75).

脑力书写6-3-5法是脑力激荡的一种形式，它的发展是为了避开可能困扰传统头脑风暴的群体动态问题（鲁尔巳赫[1]，1969）。例如，害羞的人没有提供他们本应提供的那么多，而强势的个性主导了对话，并且现有的权力关系（例如，员工与经理之间的权力关系）会影响思维过程。脑力书写6-3-5法通过结合个人和协作思维来克服这些问题。与头脑风暴一样，它的目的是在设计过程的早期阶段激发创造力。

脑力书写6-3-5法的名称来自会议的设置，6名团队成员在5分钟的周期内记录3个想法。在第一轮中，每个参与者在纸上第一行中记录他们的想法。在5分钟的循环结束时，他们将纸传递给左侧的团队成员。在第二轮中，每个团队成员要阅读前一轮的条目，并在第二行中记录3个新想法，且每个新想法都基于上一行的想法。重复此步骤，直到纸张返回到最初写第一行的人为止。这样一来，可以鼓励人们相互借鉴——查看已经被记录下来的内容，并对其进行添加或更改。与传统的头脑风暴会议相比，脑力书写6-3-5法可以在更短的时间内产生更多的想法，在30分钟内最多可以产生108个想法。

脑力书写6-3-5法应该从参与者之间对问题领域的一般性讨论开始（可由主持人指导），这样可以确保团队的所有成员就会议中将要解决的主题保持意见一致。

---

1 鲁尔巳赫（Rohrbach），德国人，他根据德意志民族习惯于沉思的性格提出来的以及由于数人争着发言易使点子遗漏的缺点，对奥斯本智力激励法进行改造而创立了脑力书写6-3-5法。

练习

在这个练习中，你将通过相互借鉴来生成一系列概念。你可以使用 p.165 的模板或把一张 A4 纸折叠成 3×6 个长方形，还可以改变人数，例如与 4 个人一起进行脑力书写 4–3–5 法。

1 为脑力书写会议选择一个主题，即你想要解决的一个设计问题。如果你手上没有主题，可以从设计概要（p.139）中选择一个，在小组中讨论该主题。
（5 分钟）

2 在脑力书写表的第一行中记录 3 个不同的想法。这些想法应该是与你的设计主题相关的可行解决方案，并利用你对该领域内用户需求的了解。
（5 分钟）

3 将脑力书写表传递给左边的人，然后开始下一轮。

4 查看收到的脑力书写表，以及在你之前的人记录的想法。在下一行中，再记录 3 个解决方案，这些解决方案的灵感来自你前面的人撰写的内容。尝试以下选项：
- 记录新想法。
- 适应现有想法。
- 使想法相互融合。
- 修改或添加想法。
（5 分钟）

5 重复这个过程，直到每个人都在每张脑力书写表上记录了 3 个想法，然后这些想法又返回到了其原始所有者手中。
（20 分钟）

6 提出一些想法。每个人都会从记录在他们自己的脑力书写表中选择自己喜欢的想法，并向小组成员解释。还可以剪裁脑力书写表，以便每个想法都能在一张单独的纸上表示出来，从而对想法进行协作排序。
（10 分钟）

· 商业模式画布

视觉化的设计公司所提供的价值

学术资源

Osterwalder, A., & Pigneur, Y. (2010). Business model generation: a handbook for visionaries, game changers, and challengers. John Wiley & Sons.

Amit, R., & Zott, C. (2012). Creating value through business model innovation. MIT Sloan Management Review, 53(3), 41.

Wrigley, C., Bucolo, S., & Straker, K. (2016). Designing new business models: blue sky thinking and testing. Journal of Business Strategy, 37(5), 22-31.

多项研究表明，商业模式的改变是最具可持续性的创新形式之一。例如，像优步（Uber）[1]这样的公司不可能仅仅通过为其移动应用程序提供一个出色的用户界面来扰乱出租车行业。尽管优步的移动应用程序本身就是一种创新产品，但正是他们的商业模式才使他们在全球范围内取得了成功。因此，在设计新产品或服务时，重要的是需要考虑基础商业模式的设计。正如产品和服务需要反复开发和测试一样，好的商业模式也需要经历概念开发、探索和实施的阶段。

商业模式画布提供了一个模板，用于捕捉公司为客户提供的价值。当在概念开发阶段中使用时，模板可以帮助确定创新的重要机会，而这些创新通常不能仅通过产品或过程开发来解决。商业模式画布包含 9 个构建模块（请参阅 p.165 的模板），它们反映了公司商业模式的构成要素，并提供了对模式的度量标准和可操纵方面的见解。

该方法允许在考虑某个产品或服务之前，先快速地规划一个公司的要素及其提供的价值。在想法生成的概念阶段，它可以允许在短时间内呈现和评估多个选项。正是这些设计要素（9 个构建模块）的结合，使得竞争对手难以复制某个产品或所提供的服务，他们才能在市场上保持强有力的竞争地位。

1　优步（Uber），一家美国硅谷的科技公司，提供专车服务，创立于 2009 年。

练习

在这个练习中，你将使用 p.165 中的模板来填写现有公司的商业模式画布。如果你心中没有一个具体的公司，请从 p.138 的设计概要中选择一个。

1 找到你所选择公司的任务说明，并将其写下来作为价值主张。他们为使用其产品或服务的用户提供什么？
（5 分钟）

2 公司定位的目标顾客是什么类型？将此信息放在顾客群中。他们服务于特定的专门化市场还是大众市场？他们是否以中间人的身份同时瞄准多个细分市场？
（5 分钟）

3 公司与其顾客之间的关系如何？将此信息放在关系块中。他们是否为顾客提供开展自助服务的框架，或是提供专门的个人帮助？
（5 分钟）

4 公司是如何吸引顾客的？将此信息放在通道块中。这可能是一个真实的地点或数字定位，例如一个商店或一个网站。渠道可能会随着时间的推移而变化，这取决于顾客是在浏览、购买还是购买后使用其产品。
（5 分钟）

5 公司如何盈利？除了简单地销售某一个产品外，还有许多方法可以做到这一点，例如租赁、许可或提供订阅费。
（5 分钟）

6 公司需要执行哪些关键活动？这些都是正在进行的任务，例如，为客户生产产品或维护一个平台。
（5 分钟）

7 运营公司需要什么资源？例如，硬件设备、智力水平、人力资源或财务资源。
（5 分钟）

8 你的合作伙伴是谁？一家公司不需要凡事都亲力亲为。他们可能会建立战略联盟，进行外包工作或建立牢固的买卖双方关系。
（5 分钟）

9 它的价格是多少？商业模式设计中最重要的成本是什么？它们是固定成本，还是会随着时间而变化？
（5 分钟）

10 查看完成的商业模式，并确认缺陷在哪里，以及哪些部件运转良好。创建第二个迭代，在这里你可以解决缺陷并强调优势。

·商业模式实验

反复探索商业模式设计的想法

学术资源

Wrigley, C., & Straker, K. (2016). Designing innovative business models with a framework that promotes experimentation. Strategy & Leadership, 44(1), 11-19.

Sosna, M., Trevinyo-Rodríguez, R. N., & Velamuri, S. R. (2010). Business model innovation through trial-and-error learning: The Naturhouse case. Long range planning, 43(2), 383-407.

Teece, D. J. (2010). Business models, business strategy and innovation. Long range planning, 43(2), 172-194.

在设计产品或服务时，我们尝试提出许多想法，并从多个角度探索设想的产品或服务。同样的方法也可以用于设计商业模式，因为商业模式是任何提供产品或服务的公司的支柱。商业模式需要以客户为中心，因为它们描述了产品或服务为一个公司的顾客带来的价值。然而，顾客并不总是产品或服务的用户。例如，在脸书（Facebook）[1]的社交网站中，用户享受服务，而顾客则通过支付广告来创造价值。商业模式的设计需要兼顾两者。

对于一家公司而言，如果不先复述一下他们所使用的方法就过快地决定一种商业模式，这样做虽然很容易，但也很危险。商业模式需要精心设计，以确保它们考虑到一家公司及其产品或服务的各个方面。在商业模式画布（p.30）方法的基础上，商业模式实验提供了一种结构化的探索方法，通过探索不同方面来测试新的想法。它展示了商业模式画布的 5 个截然不同的领域，以供关注和试验。改变重点领域可以激发有关如何为客户提供价值的新想法，这反过来又可以创建可替代的商业模式。

研究发现，在商业模式创新的早期阶段，试错过程对于一家公司的成功至关重要（Sosna 等，2010）。通过控制商业模式画布的不同部分，商业模式实验方法可以在推出一项新的商业计划之前对比不同的方案。

---

1 脸书（Facebook），美国社交网络服务网站，创立于 2004 年。

练习

在这个练习中，你将基于 5 个不同的焦点来生成多样的商业模式概念，每个焦点都有其自己的模板（p.167—168，以及随附网站上的参考资源）。从商业模式画布（p.30）开始，填写你所选择的公司，或使用随附网站上提供的画布。

1 按照模板上显示的顺序来处理商业模式画布的 9 个构建模块中的每一块，以此来填写以顾客为主导的模板（p.169），使你可以对其余模块的一个已知方面进行设计，即你当前的顾客。一个以顾客为导向的焦点探索了新的和未触及的顾客群中存在的多种可能性。

（10 分钟）

2 按照模板上显示的顺序填写成本驱动模板（p.170）。以成本为主导的焦点是寻找减少开支的方法，以便在其他地方找到机会。

（10 分钟）

3 比较并评估两个最终的商业模式。它们的主要区别是什么？每个商业模式的优点是什么？将这些思考带入练习的下一步。

（10 分钟）

4 请重做几次画布，每次都从不同的焦点开始。资源导向型、伙伴关系导向型和价格导向型的商业模式模板可以在随附网站上找到。

例如，以资源为主导的焦点确定了一家企业可以从其现有资源中获得更好价值的方法，以此探索重组或重新应用这些资源的新颖方法。

例如，以伙伴关系为主导的焦点是从外部伙伴关系中探索新的资源和能力。

例如，以价格为主导的焦点降低了整个商业模式的成本，从而以更便宜的价格提供相同的价值。

（30 分钟）

5 基于现已完成的 5 个模板，来比较并评估由此产生的概念。如果需要进一步探索，请重复此过程。

（15 分钟）

·卡片分类

从用户的角度看信息

学术资源

Courage, C., & Baxter, K. (2006). Understanding your users: a practical guide to user requirements methods, tools, and techniques. San Francisco: Morgan Kaufmann Publishers.

Sinha, R., & Boutelle, J. (2004, August). Rapid information architecture prototyping. In Proceedings of the 5th conference on Designing interactive systems: processes, practices, methods, and techniques (pp. 349-352). ACM.

从报纸到网站，从微波炉到移动应用程序，普通人每天都会接触并浏览大量的信息，其形式包括文字、图标、图像和数字。无论是在一个简单的闹钟界面中，还是在一个大型复杂的多用户系统中，信息的标记方式、分组方式和结构化方式都决定了一个产品或服务的使用方式。设计师通常将这种内容结构称为一个产品的信息架构，这一点在网站设计中最为明显。在网站设计中，导航、选项卡和页面可以创建层次结构和组，从而对用户看到的信息进行排序。

卡片分类是一种允许用户和利益相关者参与信息架构设计的方法。顾名思义，卡片分类包括参与者将卡片分类，并组织成对他们有意义的小组。在为参与者提供有形的卡片时，这种方法可以引起讨论和行动，从而有助于：

（1）发现一项设计中应包含或排除哪些信息或任务。

（2）发现用户通过哪些途径了解这些术语（例如"新闻"或"时事"）。

（3）为一个产品或服务中的信息分组和结构设计新方法。

卡片分类可以帮助我们更好地了解用户的心智模型，并建立与心智模型"对话"的信息结构。就像一座建筑物一样，好的信息架构可以帮助用户了解他们的位置和去向。由于卡片分类要求参与者对现有主题进行分类，因此这是一种最适合完善一个新的（但现有的）概念或重新设计一个现有产品的方法。

练习

在这个练习中，你将进行卡片分类，以便对重新设计一个网站或移动应用程序有所了解。使用随附网站上的模板来创建卡片，然后使用 p.171 上的模板做笔记。使用一个现有的网站或应用程序，或从随附网站上的参考资源中选择一个站点地图。

1 组成两组，每组两个人。每个小组将为另一小组进行卡片创建设计并帮助其进行卡片分类活动，这样可以使你以促进者/设计者和参与者的身份来体验卡片分类。
（2分钟）

2 选择一个合适的网站或应用程序作为卡片分类活动的基础，并确保这是另一组人可能会用到的东西。
例如，网站 – 第一组：航班预订门户（来自随附网站）。
例如，网站 – 第二组：在线杂货采购（来自随附网站）。
（4分钟）

3 选择要为其创建卡片的网站或应用程序的一个用户目标和子部分，专注于一项明确的任务（例如，从面包店区域购买一块面包）。
（4分钟）

4 开始创建卡片，写下网站中子部分所使用的所有现有的名称和类别。如果你未使用其中一个已经提供的站点地图，这些词语可能会在导航（选项卡、页面、标题）或所选择网站/应用程序的搜索筛选器和工具中找到。
例如，在线杂货店：面包店、熟食店等。
（5分钟）

5 将所有的卡片（包括空白卡片）随机放在桌子上。邀请参与者（另一个组）将卡片按照组和层次进行分类。作为促进者：
· 向参与者介绍产品和用户目标（例如，购买一块面包）。
· 邀请参与者自言自语（p.124）。
· 使用模板记录卡片分类活动的结果（p.171）。
（15分钟）

6 将发现转化为建议。对于网站或应用程序，你将会进行哪些更改，你会对其保持不变吗，为什么？
（10分钟）

7 交换角色并重复卡片分类活动。你学到了什么？

·地图映射

在一个问题领域中生成对环境和实践的丰富描述

学术资源

Elovaara, P., & Mörtberg, C. (2010). Cartographic mappings: participative methods. In Proceedings of the 11th Biennial Participatory Design Conference (pp. 171-174). ACM.

Finken, S., & Mörtberg, C. (2014). Performing Elderliness–Intra-actions with Digital Domestic Care Technologies. In IFIP International Conference on Human Choice and Computers (pp. 307-319). Springer, Berlin, Heidelberg.

制图和其他涉及制作拼贴画的方法经常在参与式设计研讨会中使用，以此来获取并理解特定领域的用户知识。地图映射是一种制图方法，它特别注重于制图活动在共同知识建构中的调节作用。通过这种方法，促进者和参与者共同努力，以一种可视化的方式展现参与者在问题领域内的日常工作、人际关系和生活环境。

在一个研讨会的环境中，一个典型的地图映射过程包括两个阶段，制作一个初始地图，以及通过一个由参与者进行的人种学研究来完善地图。在第一阶段，研讨会的参与者被要求在他们的问题领域中创建一个与其他人、设备和其他物质对象的关系图。本次活动提供了一张大的空白纸、各种剪贴画、便利贴和彩色记号笔。参与者将一张代表自己的图片放在纸上，然后开始绘制与周围其他实体的关系图。在此过程中，研讨会的促进者会询问有关参与者对图像的特定选择以及所映射的关系问题。在第二阶段，要求参与者对与问题领域相关的环境进行拍照，以获取他们工作或日常生活的细节。在随后的研讨会中，参与者需要将这些照片添加到他们在第一次研讨会中创建的地图上，以便更好地理解问题领域。

除了对人们的日常生活、人际关系和生活环境创建浓密而丰富的视觉表示之外，地图制作活动还促进了在相关视觉支持下，就各种问题和关注事项进行的一次非正式对话。

for
inks

练习

在这个练习中，你将使用地图映射来了解一个或多个参与者的实践，并确定解决设计方案的时机。选择你自己的设计问题，或关注未来的超市的设计概要（p.143），并使用随附网站上的参考资源。

1 安排一个由单个或多个参与者参加的研讨会。每个参与者都应该具有某问题领域的最新经验。
例如，在超市购买杂货。

2 要求参与者使用随附网站上提供的图像和材料来表达他们的经历。参与者可以将这些图像和材料粘贴到 A0 纸上，并以特定的方式排列来表达参与者的日常工作、人际关系和生活环境。

3 参与者还可以使用线条、注释和草图来搭配他们所选择的图像。
例如，连接两张图像的一条线可以代表一种关系。
例如，注释可用于阐明选择图像的原因。
（25 分钟）

4 使用生成的地图来采访参与者。询问参与者的活动、与之互动的人、他们所使用的技术以及所面临的问题。跟踪在地图制作过程中观察到的所有有趣之处。记笔记和 / 或给谈话内容录音。

5 在研讨会结束后的一周内，让参与者对他们在问题领域中遇到的环境、对象和技术进行拍照。打印这些照片。
（一周）

6 进行第二次研讨会，要求同一个参与者用他们拍摄的图像来扩充现有的地图，这将有助于提高对问题领域的描述和理解。
（20 分钟）

· 通道映射

从各个角度接触你的顾客

学术资源

Straker, K., Garrett, A., Dunn, M., & Wrigley, C. (2014). Designing channels for brand value: four meta-models. In Bohemia, Erik, Rieple, Alison, Liedtka, Jeanne, & Cooper, Rachael (Eds.) Proceedings of 19th DMI: Academic Design Management Conference (pp. 411-431). London: London College of Fashion.

通道映射是一种方法，它不仅仅是列出一家公司与顾客联系的方式，还能够探索一家公司的品牌价值对一个特定顾客意味着什么。公司通过多种渠道与顾客建立关系。人们与公司的每次互动都涉及某种形式的通道。通道可以是数字的（例如网站）或实体的（例如商店）。它们代表了一个组织与其顾客之间的沟通路径，其中包括完成商业交易。目前，网上购物是增长率最快的购物形式之一，超过了传统零售业。

随着通道的多样化，顾客会同时接触越来越多的通道。因此，有必要仔细设计人们如何体验每一个单独的通道，以及如何将其与整体体验和人与公司之间的互动联系起来。了解顾客的行为和动机对于设计横跨所有通道的一种贴切的顾客体验至关重要。使用多个通道意味着设计者需要战略性地思考每个通道如何塑造个人对特定公司或品牌的顾客体验。

通道映射方法有助于创建顾客的整体体验。它涉及多个要素，例如品牌价值和意义，以及探索顾客如何体验或与这些要素互动。通过设计和评估工具中的每一个元素，设计者可以快速探索和评估可替代的通道设计，这些设计不仅可以吸引顾客，而且可以与传达的品牌价值保持一致。

练习

需要准备笔、纸、互联网

在这个练习中，你将使用通道映射模板来规划你选择的一家公司的通道（p.172）。该公司可能与你目前正在从事的一个设计项目有关，或者与你亲身经历的设计项目有关。

1 选择一家公司，列出该公司的品牌价值清单。品牌价值是指该公司的一种特定属性，以一种顾客可以轻松识别的方式表达出来。
例如，猫途鹰[1] = 便利、自由。
例如，巴宝莉[2] = 高品质、奢华。
例如，全食超市[3] = 社区、诚信。
（5分钟）

2 接下来，选择一种类型的顾客。顾客可以是来自该公司当前定位的目标顾客群，也可以是一部潜在顾客群。考虑一下通常什么样的人会购买该品牌产品。
例如，老年人、千禧一代、品牌买手、嗜好廉价货的人。
（10分钟）

3 向顾客描述你所选的品牌价值的含义。例如，从老年顾客的视角来看，"社区"的品牌体验可以转化为"支持"。
（10分钟）

4 接下来，确定所有可能用于吸引该顾客的关键通道。常见通道包括网站、商品目录、实体店、报刊亭、社交媒体和当地的宣传活动等。
（15分钟）

5 考虑如何定制该通道以反映所选择的品牌价值。例如，一个反映"支持"价值的杂货店网站可能会提供多种送货选项、支持功能以及非常清晰的分步说明。

6 完成了一个通道映射后，重复该过程，为相同的顾客和品牌价值映射出不同的通道体验。

1 猫途鹰（TripAdvisor），全球旅游网站，成立于2000年，总部位于美国马瑟诸塞州尼德汉姆。
2 巴宝莉（Burberry），英国奢侈品品牌，成立于1856年，总部位于英国伦敦。
3 全食超市（Wholefoods），美国超市，于1978年成立于得克萨斯州的奥斯汀。

·协同设计研讨会

与参与者一起设计

学术资源

Sanders, E. B. N. (2002). From user-centered to participatory design approaches. Design and the social sciences: Making connections, 1(8).

Steen, M., Manschot, M. A. J., & De Koning, N. (2011). Benefits of co-design in service design projects. International Journal of Design 5 (2) 2011, 53-60.

协同设计研讨会将用户、顾客、利益相关者和设计师聚集在一起，对设计概念进行快速点评和复述，以确保设计对象的需求始终处于设计过程的中心位置。协同设计和类似的方法，例如参与式设计，包含用户和其他利益相关者积极地参与其中，建立自己的概念（无论是一个当前的用户体验还是一个新的设计概念），并影响着设计的未来方向。协同设计的原则是"与人一起设计"而不是"为人设计"。用户和其他利益相关者扮演着积极的角色，为设计做出了贡献，而不是被动地对设计决策做出反应。

协同设计研讨会以此原则为基础，包括准备阶段、招聘阶段、研讨会本身、解释和行动。第一阶段是准备工作，用于确定研讨会的总体方向。这可能会涉及一个最初概念的开发，且用户可以以一个低保真原型（p.84）或故事板（p.120）的形式进行响应。在研讨会期间，参与者将经历沉浸式学习的各个阶段，讨论当前的经验、理想的经验，最后评估和复述最初的概念。然后，分析来自参与者的意见以及在研讨会期间共同设计的任何人工制品，并将其反馈到设计过程中。

协同设计研讨会可以在设计过程的任何阶段使用。在研究阶段，可以使用它们来全面了解人们的环境和情况。对于专注于对现有产品或服务进行重新设计的项目，应包括对人们当前如何使用该产品或服务的理解。在原型设计阶段，可以使用协同设计研讨会来快速地对概念进行复述。

练习

在这个练习中，你将学习如何设计和举办协同设计研讨会。你将决定研讨会的目的、参与者是谁以及使用哪种方法。关注你自己的设计问题或未来的超市的设计概要（p.143）。

1 决定你想要从协同设计研讨会中实现的目标，并将其写下来。
例如，购买新鲜产品的更好方法。
（5分钟）

2 考虑协同设计研讨会的后勤工作：
· 什么样的人应该在那里？例如，经常购物的人、热情的厨师。
· 你将如何记录？例如，笔记、书面反馈、观察、视频。
· 活动的顺序是怎样的，以及其持续的时间？例如，沉浸式、讨论当前的经验、描述理想的经验、评估最初的概念。准备一个稿子。
（20分钟）

3 准备好研讨会的材料，使用打印的图像，让参与者沉浸在问题空间中。利用现有的草图或最初概念的原型，或从随附网站上的参考资源中选择示例，以用于"未来的超市"。确定在研讨会期间要完成的方法，例如：
· 低保真原型。
· 故事板。
（20分钟）

4 准备供参与者在研讨会上使用的关键问题。
例如，"你目前喜欢 / 不喜欢购物的哪些方面？"
例如，"对你来说，理想的购物体验是什么？"
例如，"你喜欢该设计的哪些特点？"
例如，"你会改变什么？"
（10分钟）

5 管理研讨会，确保传达目的和预期的结果。解释设计的目的，但不要太详细，因为这会限制参与者的创造力。在研讨会开始时介绍每个活动，允许参与者设计概念并通过他们的建议来补充现有想法。提供模板和框架，以帮助参与者完成所选的方法。
（1—4小时）

6 研讨会结束后，可以使用亲和图（p.22）或主题分析（p.122）来解释收集到的数据。收集来自合作的设计师的反馈和概念。思考一下，这对设计理念有何影响。

·竞争对手分析

知道如何与你周围的人做比较

学术资源

O'Shaughnessy, J. (1995). Competitive marketing: a strategic approach. Routledge.

Nusem, E., Wrigley, C., & Matthews, J. (2015). Exploring aged care business models: a typological study. Ageing & Society, 1-24.

竞争对手分析是一种灵活的方法，用于了解一个产品或服务与市场上提供的产品或服务相比，是否适合市场。该方法可用于根据市场来评估现有的产品或服务的价值，或收集有关现有产品或服务的信息，以便确定一个新产品或服务的机会。

第一步是确定市场。根据设想的设计解决方案的范围，竞争对手分析可能会涉及本地竞争对手（例如，在同一城市或同一国家）或全球参与者。即使设计解决方案仅针对一个本地市场，同时考虑一些国际竞争对手也是很有价值的。

该方法依赖于一组变量形式的编码结构，这些变量要么是预先确定的，要么是为设计项目的上下文创建的。通过使用这种编码结构来收集有关每个竞争对手的信息，可以很容易地比较、监控和了解市场以及一个新产品或服务的适应方式。竞争对手分析可以与知觉图（p.96）相辅相成，通过选择两个特定变量并要求潜在客户或用户对每个竞争产品或服务进行排名。

在一个设计过程中，尽早完成一项对竞争对手的分析对于避免被竞争蒙蔽双眼至关重要。评估竞争对手的优势和劣势有助于我们更好地了解提高竞争优势的时机。然而，需要我们仔细考虑市场中发现的任何缺口。有时候，总会有一个很好的理由解释为什么某个方法没有被其他竞争对手实施。

练习

在这个练习中，你将通过收集数据、使用 p.173 的模板来分析你在市场中的位置，以此来进行一项竞争对手分析。专注于你选择的一项产品或服务，或遵循设计太空旅行的设计概要（p.141）。

1 列出一份可以提供相似产品或服务的潜在竞争对手列表。考虑本地和国际公司及其产品或服务，试着确定最重要的 4 个竞争对手。
例如。Expedia[1] 的在线机票预订门户。
（5 分钟）

2 集思广益变量，并把它们写在一个列表里，这些都是可以用来评估每个竞争对手的相关因素。变量可能包括基本变量，例如价格或质量，或更具体到所选的行业。
例如，产品类别、顾客群、主要收入来源。
（10 分钟）

3 检查并完善列表，以便确定与所选部门最相关的变量。把这些写在竞争对手分析表的左列（p.173）。
（5 分钟）

4 把这 4 家公司的每一家都标在竞争对手分析表中（p.173）。现在开始分析，所有公司的目标都是同一个顾客吗，是否提供相同的价值，它们最大的区别是什么？
（10 分钟）

5 与合作伙伴讨论竞争对手的优势和劣势，强调你的公司可以从中受益之处。
（10 分钟）

---

1 Expedia，全球最大的在线旅游公司。

语境观察

观察人们在野外的行为

学术资源

Goodman, E., Kuniavsky, M., & Moed, A. (2012). Chapter 9. Field Visits: Learning from Observation. In Observing the User Experience: A Practitioner's Guide to User Research (pp.211-238). MA, USA: Elsevier.

How to Conduct User Observations. (2017, February 4). The Interaction Design Foundation. Retrieved from https://www.interaction-design.org/literature/article/how-to-conduct-user-observations

语境观察可以用来研究人们在不同环境中，如工作场所、家庭、公共空间等的行为。现实生活中的体验并非凭空发生，语境观察考虑了可能影响人们行为的一系列外部因素，如环境、世间的事物和社会因素。

通过语境观察收集的数据包括用户的动作、身体姿势、面部表情和注视的变化，以及与一个产品或服务的某一个特定任务、组件或外观有关的手势。然后分析这些数据可以揭示行为、工作流程以及现有产品或服务的各个方面。在语境观察中，数据主要限于人们在视觉上可以看到的行为，例如他们对来自周围建筑或周围环境输入的反应、社交互动等。在一个实验室的受控环境中进行观察时，这些因素以及用户与语境之间的自然关系不会被考虑在内。

语境观察可以用来更好地理解一个设计问题或语境，以及收集有关一个原型设计的反馈。在后一种情况下，它为可用性测试（p.126）提供了一种更自然的替代方法，可用性测试通常在结构化实验室环境中进行。

为了确保观察到的数据是有用的，需要做一些准备。最重要的是，在观察发生之前必须首先确定观察的目的。需要计划和考虑的其他方面包括受众群体、位置、一天中的某个时刻和一周中的某一天。

练习

需要准备 1个合作伙伴，笔、纸、照相机

在这个练习中，你将通过观察一个用户与一个现有产品的互动来实施语境观察。使用提供的模板记录数据（p.174）。

1 为你的研究选择一个主题。如果你没有一个想要观察的现有产品或原型，可以从以下所述中选择一个：
例如，一个自动售货机、一个自动取款机或一个停车收费表。

2 通过写下如下问题的答案来为你的研究做准备：
你希望从观察中学到什么？
例如，当前设计的关键问题。
你需要收集什么样的数据来改进设计？
例如，用户的面部表情所显示的沮丧时刻。
（5分钟）

3 选择设置。
例如，一家自助餐厅中的一个自动售货机或一座购物中心的一个自动取款机。
请考虑以下因素：
· 产品是为室内还是室外设计的？
· 是否在进行其他活动时使用？
· 是供一人使用还是供多人同时使用？
（5分钟）

4 观察人们与评价对象之间的互动。对于一个用户实施的每个活动，记录下他们正在做什么：
· 面部表情。例如，一个微笑、摇头。
· 手、身体和头部的姿势。
· 手势和肢体语言。
· 发出的声音（传达愉悦、沮丧等情绪）。
针对对象及其界面进行拍摄。如果你计划拍摄用户与对象进行互动的照片，首先请确保征得他们的同意。或者，你可以让你的合作伙伴进行互动以便对对象进行记录。
（10分钟）

5 查看你的记录，并在数据收集表上做笔记（p.174）。
（10分钟）

·文化探针

通过有趣而具有挑战性的任务来了解你的用户

学术资源

Boehner, K., Vertesi, J., Sengers, P., & Dourish, P. (2007). How HCI interprets the probes. In Proceedings of the SIGCHI conference on Human factors in computing systems. ACM.

Gaver, B., Dunne, T., & Pacenti, E. (1999). Cultural probes. Interactions, 6(1), 21-29. ACM.

Gaver, B., Boucher, A., Pennington, S., & Walker, B. (2004). Cultural probes and the value of uncertainty. Interactions, 11(5), 53-56. ACM.

文化探针方法支持发散性思维，它依赖于由精心制作的物品所促成的有趣且具有挑战性的任务。文化探针是由 Gaver 和他的同事（Gaver，Dunne 和 Pacenti，1999）首次提出的，它是由各种物品组成的实物包装，例如，地图、一次性照相机和明信片。这些物品具有开放性和挑战性的任务，为的是可以从参与者群体中获得关于他们的生活、想法和价值观的鼓舞人心的回应。文化探针方法借鉴了情境主义艺术实践，例如心理地理学和派生主义。它重视不确定性、游戏性、探索性和主观性解释，以此应对规范性科学方法的局限性。

通过文化探针方法收集到的数据通常具有丰富的质感，以及高度个性化、碎片化和局部性，从而使其更适合生成一种鼓舞人心的资源，或对一个未知用户群形成主观理解，而不是以一种结构化的方式进行分析。针对不同领域或期待结果的文化探针有许多变体（Boehner 等，2007）。

一个典型的文化探针过程，包括创建一个含有具备参与任务的单个探针的工具包、向参与的用户解释探针研究和工具包的内容、交付工具包，以及取回已完成的探针任务并解释返回的探针。尽管精心设计探针的物品和任务在激发用户灵感方面起着关键作用，但过于精巧的探针可能会影响用户使用时的舒适性。

在一个设计过程的早期阶段，文化探针可以作为一种自我报告的方法，来补充更传统的用户研究方法，例如，访谈和调查问卷。它们不应该被视为单一的、无足轻重的快速数据收集方法。

练习

在这个练习中，你需要创建一个基本的文化探针工具包，将其分发给一小部分参与者，并解释返回的探针。选择一个你正在参与的项目，或遵循未来的超市的设计概要（p.143）。

1 招募参与者，向他们解释这项研究将需要在 1—2 周内投入数小时时间。

2 设计并准备探针，以便了解人们在购物方面的经验和做法。准备 3 种不同的任务：

- 任务1：参与者可以在一张超市地图上注释他们的路线和活动。
- 任务2：一个记事本，上面有需要用文字回答的挑战性问题。
- 任务3：一本照片日记，包含需要照片才能回答的问题。

（2—3 小时）

3 在设计任务时，请注意以下几点：

- 精心制作每个探针物品，使材料易于使用且吸引人。
- 混合使用文字、图纸、草图和照片来解释任务。
- 为用户以自己的方式解释任务留出空间。使用开放式的问题以及"旁敲侧击"式的措辞和令人回味的图像。

例如，"告诉我一天中你最喜欢的购物时间。"

例如，"你会在附近的超市里换些什么？"

例如，"为你最喜欢的过道拍照，并告诉我为什么它是你最喜欢的。"

4 将探针装在一个信封或一个盒子里，然后交给每位参与者。简要说明任务的细节。不要给他们提供太多详细的用法说明，因为这可能会限制回答的创造性和真实性。

（1 周）

5 跟进每一个参与者。几天后联系他们，以检查他们是否对任务有任何疑问。这样可以提高回答速度和质量。

6 解释探针中包含的数据，以确定参与者所捕捉到和表达的有趣点。通过突出显示或分组重要的回答来使自己沉浸在数据中，例如，使用亲和图的技术（p.22）。

（2—4 小时）

·决策矩阵

因为做出设计决策并不容易

学术资源

Pugh, S. (1996). Creating innovative products: Using total design. Addison-Wesley.

Roozenburg, N. F., & Eekels, J. (1995). Chapter 9. In Product design: fundamentals and methods (Vol. 2, pp. 293-316). Chichester: Wiley.

优柔寡断一直是人类生活的一部分。古代人使用深奥的方法试图预见未来，但我们现在知道，还有其他方法可以做出明智的选择——通过创建一系列选项并系统地评估它们。这就是决策矩阵方法可以帮助我们在一个设计过程中实现的目标。

决策矩阵有许多不同的形式，但是它们都基于一组初始标准来评估我们的选择。设计应该冗长乏味还是轻松愉快？可持续性是一个重要因素吗？它必须要易于使用吗？这套标准是为了满足一个特定项目的目标而产生的。

就其实际的形式而言，决策矩阵是一个表格。在行标题中，我们有自己的标准。在列标题中，我们有自己正在比较的概念——如果已经有一个现有的设计或过程，这个概念有时还包括一个"论据"。在填满这些概念之后，我们就可以根据每个概念在指定条件下的表现对其进行排名，可以通过对正方形进行着色，例如在 Harris 轮廓中进行着色（Roozenburg 和 Eekels，1995），或通过对每个概念进行评分，例如在 Pugh 矩阵中（Pugh，1996）进行评分来完成。权重也可以包括在内，以便使特别重要的标准发挥更大作用。重要的是，得分最高并不一定就会赢——决策矩阵是一种工具，而不是一把魔杖。最终的决定可能是选择一个概念，但要改善其最薄弱的环节，或者将其与在其他标准上更强的另一个概念结合起来。

练习

在这个练习中，将创建一个决策矩阵来帮助你在一系列设计概念之间进行选择。使用 p.175 的模板对这些概念进行评分。如果你没有自己的设计概念，请使用 p.142 的博物馆游客体验概要以及随附网站上的概念。

1 根据你的设计要求和用户需求生成一个标准列表，并根据这些标准对概念进行评分。标准通常对设计任务阐述得非常具体，并且可能包括：
- 设计要求：符合设计概要，符合特定用户的需求。
- 物理因素：尺寸、重量、高度、速度和坚固性。
- 适用性：易于理解、高效地执行任务。
- 可行性：成本、时间投资、技术限制。

考虑一下你会如何衡量这些标准——它们是客观的还是主观的？
（10—20 分钟）

2 按优先级顺序在决策矩阵的第一列中列出你的所有标准。应该至少有 8 个标准才能进行一次成功的评估。
（5 分钟）

3 在决策矩阵的第一行中写下你的设计概念，每一列中写一个。如果是一次再设计，则应将现有情况写在第一列中，充当一种"资料"，并可以与新的想法进行直接比较。
（10 分钟）

4 添加权重。对于设计的成败而言，某些标准是否比其他标准更重要？如果是，这些标准的权重可以更大些。每个得分乘以矩阵中的这些单元格中的权重因子。
（10 分钟）

5 根据每个标准对每个想法进行评分。根据它是否成功地满足了这个标准，给它一个介于 –3—+3 之间的分数。权重较大的标准会成倍增加。
（10—20 分钟）

6 将数据统计出来，以便查看哪个设计概念得分最高。你可以选择得分最高的一个，或者，可以通过使用决策矩阵来确定哪些方面较薄弱进而需要对其投入更多工作。另外，你是否可以将多个概念中的最佳方面组合起来形成一个新的概念。
（10 分钟）

·隐喻设计

将某物看作其他事物的力量

学术资源

Madsen, K. H. (1994). A guide to metaphorical design. Communications of the ACM, 37(12), 57-62.

Hey, J., Linsey, J., Agogino, A. M., & Wood, K. L. (2008). Analogies and metaphors in creative design. International Journal of Engineering Education, 24(2), 283-294.

Schön, D. (1979). Generative Metaphor: A Perspective on Problem-setting in Social Policy. In A. Ortony (Ed.) Metaphor and Thought (pp. 254-283). Cambridge: Cambridge University Press.

在语言学中，隐喻是"一种修辞手法，其中一个词或词组被应用于一个不符合字面意思的对象或动作上"（《牛津英语词典》）。在设计中，隐喻被用来指代来自我们周围世界的熟悉的先例。隐喻有助于将我们在某个领域（源头）中所知道的内容转移到另一个不同领域（目标）中。

在个人计算机的图形用户界面中，所使用的桌面隐喻是使用隐喻来帮助对交互进行概念性理解的经典示例。在一个办公环境中，应用隐喻可以使人们轻松地学习如何在一个图形用户界面中进行交互。就像在一个实体的桌子上一样，文件放在文件夹内，不需要的文件将被拖入垃圾箱。

在概念设计阶段，应用不同的隐喻可以揭示出各种各样的设计解决方案。例如，"计算机作为人类"的隐喻形成了基于对话的交互形式，而"计算机作为工具"的隐喻则形成了基于直接操作的交互形式。模仿自然的设计方法被称为仿生学。牵强的类比可以用来激发想法。

通过将某物视为其他事物，隐喻还可以用于产生关于一个问题的新观点（Schön，1979）。隐喻可以应用于设计中，以便从不寻常的和竞争的角度来探索问题领域，并揭示一个待解决问题的隐藏维度（Madsen，1994）。通过应用一系列战略性问题，可以对隐喻进行分析并发现对当前问题的新理解和潜在的解决方案。

练习

在这个练习中，你将通过应用几个隐喻来探索一个问题领域。隐喻设计模板（p.176）包含两个例子，可以帮助你入门。关注你的一个设计问题或选择一个设计概要（p.139）。

1 选择两个截然不同的隐喻来探索同一个问题领域。每个隐喻对你和你的合作伙伴来说都应该很熟悉，但需要足够复杂才能产生有趣的观点。
例如，一次接力赛。
例如，一群蜜蜂。
（5分钟）

2 通过使用以下问题来激发思考，以此来探索问题空间，重点关注第一个隐喻：
· 讲述隐喻的故事。把问题领域当作被选择的隐喻来谈论。
· 阐述触发概念。触发概念可以是源领域或目标领域中的一个关键概念。详细介绍此概念，以涵盖通常用这些术语无法理解的活动。
· 寻找概念的新含义。隐喻为现有概念提供了新的含义。
· 详细地做假设。弄清楚该隐喻隐藏的内容和突出显示的内容。
· 确定隐喻中未使用的部分。在源领域中查找未使用的方面、特性和属性，并考虑它们如何在目标领域中发挥作用。
（20分钟）

3 切换到第二个隐喻并重复上述过程。
（20分钟）

4 与你的合作伙伴进行比较，并讨论使用这两个隐喻来探索问题领域所学到的知识。
（5分钟）

5 选择其中一个隐喻作为设计解决方案的一个潜在模型。你将把隐喻的哪些属性、特征和关系转移到你的设计解决方案中？绘制并注释你的设计概念初稿。
（10分钟）

6 你可以将隐喻扩展到文字应用之外吗？考虑以上你所探讨过的战略性问题，以此来帮助你对隐喻产生新的、意想不到的或有趣的解释。绘制并注释你的设计概念第二稿。
（10分钟）

·设计点评

重视他人的观点

学术资源

Kolko, J. (2011). Endless nights-learning from design studio critique. Interactions, 18(2), 80-81. ACM.

设计点评方法的价值体现在 3 个方面。首先，在适用性测试中，它可以快速、定期且低成本地提供有价值的反馈，而无须让目标受众参与其中（p.126）；其次，它使人们能够在提供建设性的反馈过程中发挥自己的技能，并以此提高自身的设计知识；最后，在公开点评设计师的作品时，设计点评还增强了设计师的复原力，从而提高了作品的质量。

设计点评（也称为设计评论）专注于点评现有想法，而不是提出新想法。理想情况下，设计点评会需要 3—7 人参加，但也可以两个人一组进行。参与者通常是其他设计团队的成员，即使包括其他项目的利益相关者，也会很有价值。

通常，设计点评是在工作室环境中进行的，设计师可以在墙上展示设计方案，也可以通过电子屏幕或投影仪来展示。当设计师展示其设计方案时，其他参与者做笔记。设计师学习如何以一种尊重且宽厚的方式提出并接受点评意见有助于在设计团队中建立相互信任。

根据项目的不同，设计点评可以每天或每周进行一次。重要的是要使演示文稿简短，并包括一个对项目和用户需求的简短总结、自上次点评环节以来的进展以及任何需要反馈或说明的要点。演示文稿中使用的材料应包括足够的细节，以使参与者"既能够点评主题元素又可以点评详细的细微差别"。

练习

在这个练习中，你将使用 3 个简单的导入语句来点评设计工作。你将练习以尊重和具有建设性意见的方式来表达点评意见。如果你没有自己的设计作品，请使用随附网站上参考资源中提供的示例。

1 使用类似于亲和力图、故事板、人物角色、线框、概念图等设计艺术品向同行展示你的项目。
（5—10 分钟）

2 在进行演示时，如果你的同伴对于陈述的回应是"我不知道……"时，把他们从演示中学到的东西写在一张蓝色的便利贴上。
例如，我不知道大多数走过这个地方的人都用耳机听音乐。

3 在进行演示时，如果你的同伴对于陈述的回应是"请告诉我更多有关……的信息"时，在一张黄色便利贴上写一些他们想知道的更多与设计作品相关的内容。
例如，告诉我更多关于天黑时会发生什么的信息。

4 在进行演示时，如果你的同伴对于陈述的回应是"你是否考虑过……"时，在一张粉色的便利贴上写下他们认为设计作品中缺少的内容（但可能会很有用）。
例如，你是否考虑过向青少年提出类似的问题？

5 在记录反馈时，应记住以下准则：
· 反馈应集中于设计如何/为什么能够满足（或不能满足）一个用户的需求。
· 点评者应在必要时提出问题并进行说明。
· 陈述者应在回答问题时没有任何防御性。
· 你可以使用"我喜欢……"和"我不喜欢……"这两个句子，但请尝试参考用户需求。
· 避免解决问题。重点是分析提出的解决方案，而不是建议其他方法。
当点评结束后，把所有便利贴集合在一起交给你的同伴。

6 查看你收到的便利贴并讨论可能存在的任何问题。考虑收到的反馈的价值。

7 交换角色，直到每个人都参与了一次点评环节。
（每个团队成员 5—10 分钟）

·直接体验式故事板

当涉及用户时，无法表现出用户体验

学术资源

McQuaid, H. L., Goel, A., &
McManus, M. (2003, June). When
you can't talk to customers: using
storyboards and narratives to elicit
empathy for users. In Proceedings
of the 2003 international
conference on Designing
pleasurable products and interfaces
(pp. 120-125). ACM.

为了了解用户需求，重要的是仔细考察人们的实际行动，包括他们使用服务的环境。直接体验式故事板是一种结合了系统观察、直接经验、文档编制和讲述故事的优点的方法。该方法适用于不可能或不方便进行直接用户研究的环境敏感的情况，例如医院、图书馆、博物馆以及其他具有类似特征的公共和私人机构。通过在真实的环境中表现出给定的场景，设计师可以捕捉到一个用户对体验的积极方面和消极方面，并收集与一个产品或服务互动时的感受。

直接体验式故事板方法包括以下活动：观察人员及其与产品或服务的互动过程；创建一张他们完成的典型任务的列表；将每个任务分配给一位设计团队成员，让每个团队成员完成他们的任务并在完成任务过程中进行拍照或截屏，用带有相关经验的具体细节对打印出来的照片进行注释，并用按时间顺序悬挂注释的照片来创建通过照片进行叙事的故事板。通过照片进行叙事的故事板是故事板中的一种，用同一场景中的一些照片来代替传统故事板中的手绘草图（p.120）。

创建故事板之后，团队成员需要聚集在一起讨论故事板中所描述的体验。这种方法对于在一个真实环境中从直接的第一人称体验角度去理解用户体验特别有用。故事板和围绕捕捉到的经验的讨论可以为概念图或信息架构的构建提供信息，包括一个未来系统中的各个组件以及它们之间的互动情况。

练习

需要准备3—4人，智能手机、笔、纸（普通Ａ4纸）、胶带、醋酸纸（可选）

在这个练习中，你将访问一个地点并重新呈现一个典型的用户活动。你将创建一个照片叙事式故事板，以此捕捉你对这项活动的直接体验。关注你的一个设计问题，或使用博物馆游客体验概要（p.142）。

1 访问一个与你的设计概要相关的地点，并观察用户进行的一些典型活动或任务。通过做笔记和拍照片，以此记录你对他们如何进行这些活动的观察。

例如，观察其他参观者和博物馆工作人员。

（1 小时）

2 为这些典型活动创建一张列表。它们可能包括以下内容：

例如，在建筑物周围定位和导航。

例如，在集合中搜索一个特定对象。

例如，找到关于一个有趣话题的更多信息。

包括你所观察到的每个活动的简要描述。

（10 分钟）

3 为每个团队成员分配一个或多个活动。要求每个团队成员从头到尾去进行或角色扮演指定给他们的活动。在进行这些活动时，通过拍照或截屏来记录所有关键步骤。

（10—20 分钟）

4 把照片打印出来并加上注释。按时间顺序对照片进行排序，然后将它们粘贴到一张纸上来创建故事板。可以直接在照片上添加注释，或者在故事板上覆盖一张醋酸纸再注释。

（10 分钟）

5 与团队成员讨论你的直接体验式故事板。考虑体验中的积极方面和消极方面，哪里还有改进或优化的空间，哪些方面应该保持不变？

（10 分钟）

·移情建模

设身处地为别人着想

学术资源

Fulton Suri, J., Battarbee, K., & Koskinen, I. (2005, April). Designing in the dark: Empathic exercises to inspire design for our non-visual senses. In Proceedings of International conference on inclusive design (pp. 5-8).

Kullman, K. (2016). Prototyping bodies: a post-phenomenology of wearable simulations. Design Studies, 47, 73-90.

McDonagh, D., & Thomas, J. (2010). Rethinking design thinking: Empathy supporting innovation. Australasian Medical Journal, 3(8), 458-464.

Nicolle, C. A., & Maguire, M. (2003). Empathic modelling in teaching design for all.

设计产品或服务时，最关键的是确保所有的用户都可以使用它们。移情建模是一种方法，它促使我们思考，而不是为一个理想的用户设计一个理想的高度、理想的视野或理想的运动技能。从第一人称视角看，它用于模拟身体或感知能力下降的人们所面临的一些日常挑战。这使得设计师可以建立一种移情关联，并利用他人的经验来为产品或服务的设计提供信息。

与其他基于角色扮演的技术一样，移情建模需要人们主动并亲身地参与到任务中。通常，它可以通过外部元素来加以辅助，例如西装、道具或虚拟现实耳机，这些元素可以模拟他人的视角。这些工具旨在帮助设计师复制通过他人的体能来感知世界的感受。伴随这种方法所使用的常见工具包括模糊的眼镜、眼罩和轮椅等。在某些情况下，紧身衣可用于模拟特定的健康状况，例如福特的"第三年龄衣"（Third Age Suit），它限制了手臂、躯干和腿部关节的活动，并包括手套和有色眼镜。然而，移情建模也可以通过使用简单的、现成的材料和道具来实现。

最终，作为设计过程的一部分，应该咨询具有身体或感知能力的用户群体的代表。这种方法的优势在于，其在一个早期阶段的适用性，既不需要接触参与者，也不需要向设计团队成员提供第一人称体验。

练习

在这个练习中，你将把自己放在一个感官或体能下降之人的立场上。为了做到这一点，你将使用一些简单的材料来改变你的感官。你可以使用随附网站上提供的眼镜资源来创建自己的道具。

1 用一块弄皱的保鲜膜盖住手机相机镜头，以此进行拍摄，确保拍摄到的是一张模糊的照片。再用弄皱的保鲜膜覆盖眼镜镜片，此时你应该仍然可以看到一点点。

2 与合作伙伴一起访问你以前去过的地方，例如学习或工作的大楼。

3 在合作伙伴的帮助下，从一个陌生的角度探索这个熟悉的地方。缓慢移动，重新认识，停下来，拍下吸引你注意力的东西。把注意力集中在你过去可能没有注意到的属性上，例如颜色、不明确的形状和声音等。
（15 分钟）

4 与合作伙伴交换角色，进行相同的练习，协助他安全行走。
（15 分钟）

5 使用以下问题与合作伙伴讨论你的经历：

· 从不熟悉的角度体验一个熟悉的地方后，会发现哪些环境信息？照片可能会帮助你对此进行反思。

· 当依靠声音或颜色时，我们能在多大程度上推断我们的位置？

· 想象一下自己在另一种情况下体能下降，例如乘坐公共交通工具。依靠我们的方向感有多困难？公共交通是否依靠视线之外的感知线索？

· 如何通过更具包容性的设计来改善这种情况？

（10 分钟）

6 尝试相同的练习来模拟行动不便之人的体验。使用腰带、围巾或绷带来限制你优势臂的运动。进行日常活动，例如吃饭、打字或倒水，并思考出现的挑战和见解。
（15 分钟）

·体验原型

将想法变成可以体验的东西

学术资源

Buchenau, M., & Suri, J. F.
(2000, August). Experience
prototyping. In Proceedings of
the 3rd conference on Designing
interactive systems: processes,
practices, methods, and techniques
(pp. 424-433). ACM.

原型通常探索一个设计解决方案的有形质量。然而，它们也可以用于测试和探索一个设计的无形品质。体验原型方法可以将重点放在用户体验和使用的环境上，而不是专注于产品的形态和功能。它强调了体验的维度——人们在使用未来的产品和服务的情况下如何思考、感受和行动。当需要探讨情境的物理、社会、空间和时间维度时，通常会使用体验原型。

体验原型与低保真原型（p.84）紧密相关，因为它涉及使用低保真原型来展现产品和环境。重点不在于物理原型的保真度，而在于通过原型的形态所提供的经验的模拟。通常，系统和空间的实物模型是使用手头的材料创建的。体验通过体力激荡（p.26）和人们在物理原型设置中感兴趣的角色扮演场景而变为现实。一旦创建了一个体验原型，就可以将其用于发现一个概念中的缺陷并发现机会。

通常，体验原型是由设计团队的成员一起执行的，但是它也可以通过让用户或其他利益相关者试用来测试体验。这样，在开始思考一项设计的细节之前，可以通过物理上主动测试设计来获得对未来体验的透彻了解。

练习

需要准备至少3人，
胶带、纸、硬纸板、
大头针、记号笔、家
具、便利贴

在这个练习中，你将构建一个与实物大小相同的物理原型，以此凸显你为未来产品或服务而设计的体验的关键方面。使用你完成的原型来尝试并评估你的设计。

1 选择要重新设计的一个问题或情况。
例如，你如何改善购买一杯咖啡的体验？
首先从考虑使用你的产品或服务的过程开始。写下这个过程中最关键的 5 个步骤。
例如，进入商店并加入队列→向收银员下订单→付款→咖啡师制作咖啡→收集咖啡。
（10 分钟）

2 从用户的角度列出你认为对每个步骤都很重要的体验质量。
例如，一位老顾客可能希望被人认出并用名字打招呼，从而为互动带来友好的品质。
考虑你如何能将这些品质转化为体验原型。
（10 分钟）

3 考虑与用户进行测试时，该体验的哪些方面可能是有问题的、具有创新性的或是重要的。把这些作为原型的焦点。在你的素描本中记笔记，以计划创建你的体验原型。
（10 分钟）

4 使用可用的材料、空间和小组成员来创建体验原型。切记，重点是与潜在用户、利益相关者或其他设计师交流你的设计设想体验中的关键方面。
例如，以咖啡为例，可以按照如下方式创建体验原型：
· 使用标牌和胶带指示房间的哪个部分是商店。
· 重新排列桌子来代表柜台；使用纸质标牌来指示区域。
· 使用团队成员扮演收银员和咖啡师；使用便利贴来确定角色。
· 在纸上绘制屏幕，以此代表数字支付系统。
（60 分钟）

5 再从顾客的角度出发，亲自体验一下已完成的体验原型。记下系统中引起挫败或带来机遇的任何部分。
（10—20 分钟）

·体验抽样

实时采样人们的状态、情绪和想法

学术资源

Larson, R., & Csikszentmihalyi, M. (1983). The experience sampling method. New Directions for Methodology of Social and Behavioral Science, 15, 41-56.

体验抽样方法（ESM）允许收集关于主观体验（例如精神状态、情绪或想法）的实时自我报告数据。该方法通过要求调查对象在预定的时间停下来汇报他们的状态或感受，来捕捉这种体验。报告时间可以根据事件预先确定，也可以通过例如手机短信的方式发出信号，届时调查对象将停下他们正在做的事情并回答一份调查问卷，或在一本日记中汇报他们的体验。

要求调查对象及时报告的优势在于，在报告体验时，他们对各自记忆的依赖性较小。因此，该方法可以消除在回顾性自我报告事件中经常出现的偏差，并提高从参与者那里收集的结果的有效性。通过反复记录参与者在一个特定时期内的经历，可以发现一个人的体验的动态变化（例如情绪的变化）。所生成的数据深度可以为新的设计解决方案或改进现有解决方案提供参考。通过体验抽样方法（ESM）收集的数据可以使用定量或定性方法进行分析。还可以在一次离职面谈中使用记录的数据，即在研究结束时进行一次采访。通过向参与者显示数据，他们能够回顾自己记录该数据的那一刻，而不是仅仅依靠记忆。然后，我们可以记录一名参与者在回忆那一时刻的其他见解。

管理体验抽样方法（ESM）的一个挑战是其要求重复进行自我报告的苛求性，这使得它成为一项耗时的数据收集技术。此外，重要的是要创建对参与者来说可行的任务，这样能够使他们保持动力并提供完整的报告。

练习

在这个练习中，你将在短暂经验的改变很重要的情况下收集数据。这样可以了解影响用户需求、期望，以及对一个产品或服务体验的情景因素。专注于你自己的设计问题，或选择要遵循的一个设计概要（p.139）。

1 邀请参与者参与为期 3 天的体验抽样研究。
例如，他们每天乘公共交通工具上班。

2 准备一份调查问卷（p.102），其中包含关于参与者对环境和周围人的情绪反应问题。将每个问题与某个特定时刻联系起来：
例如，在上下班前立即汇报他们的感受。
例如，在离开公共交通工具之前汇报他们的感受。或者，你可以使用随附网站上参考资源中提供的体验抽样方法（ESM）调查问卷。
（60 分钟）

3 为所有的调查问卷创建一份纸质版手册，并留出足够的空间供调查对象详细说明每一份报告的时间和日期。
（30—60 分钟）

4 将手册分发给参与者，记录他们的短暂体验。应该指导他们：
· 诚实地汇报，描述他们发生的短暂体验。
· 不要将新体验与以前的体验进行比较，请分别描述每个体验。
· 不积极寻找要汇报的事情。
· 记下他们的评分、沮丧和良好体验的原因。
例如，我觉得很有趣，因为有一个孩子在跟我捉迷藏。

5 3 天后收集手册并分析评论，例如使用主题分析（p.122），确定评定量表的平均值。这些数据告诉你什么？有没有改善体验的机会？
（30—60 分钟）

·极端的角色

以非凡人物的独特需求作为设计灵感

学术资源

Bell, G., Blythe, M., & Sengers, P. (2005). Making by making strange: Defamiliarization and the design of domestic technologies. ACM Transactions on Computer-Human Interaction (TOCHI), 12(2), 149-173.

Djajadiningrat, J. P., Gaver, W. W., & Fres, J. W. (2000). Interaction relabelling and extreme characters: methods for exploring aesthetic interactions. In Proceedings of the Designing interactive systems: processes, practices, methods, and techniques (pp. 66-71). ACM.

在一个典型的设计过程中，通常是将重点放在一个特定的目标用户群上，并花时间了解他们的问题、需求和动机。尽管这是设计过程中的一个重要步骤，但是来自被明确定义的群体的见解可能仅限于一小部分情感和实践。极端的角色这一方法通过促使我们考虑针对极端角色的设计解决方案，例如毒贩或特勤人员，从而可以超前地考虑典型的和常规的用户的需求。它鼓励通过"陌生化"、走出明确界定的问题空间并接触更广泛的人类情感和实践来鼓励发散性思维。

极端的角色和不寻常且独特的情感、习惯以及需求使我们能够扩展关注范围，并为设计解决方案发现新的可能性。这种方法包括想象极端的角色及其性格特征、价值和具有代表性的日常行为。一旦形成了一种极端的角色，就可以用来提出满足其独特需求的设计思想。这种方法背后的基本原理是，其中一些设计想法随后可以反馈到设计过程中，例如，通过提出一个对典型用户也有用的新特征。

极端的角色方法可用于一个设计项目的早期阶段，以识别一个问题的一些新的方面并产生新的设计想法。使用辅助的视觉效果，例如，通过摄影来展现极端的角色及其周围的环境，以及体力激荡（p.26）或与其他小组成员进行角色扮演可以帮助创建一个更完整的角色描绘。

练习

在这个练习中，你将创建一个极端的角色，将其详细的信息记录在提供的模板中（p.177），并使用该角色产生设计思路。关注你的设计问题或遵循自动驾驶汽车的设计概要（p.140）。

1 在小组中，选择一个你要寻找的极端的角色类型。试着找到适合所选设计概要的背景的角色。例如：
- 好心的撒玛利亚人（专注于社区和文化）。
- 浪漫主义者（侧重于梦想和愉悦）。
- 科幻影视迷（专注于科幻和高科技）。
- 摇钱树（专注于玩弄手段）。

在小组中快速地讨论这种极端的用户类型。
（5 分钟）

2 为小组选择的极端用户类型编写一个角色。请每个人使用资源中包含的模板写下角色的独特特征：
- 他们是谁？
- 他们在做什么？
- 他们看重什么？
- 他们需要什么？
- 是什么激励他们？

添加草图或视觉效果来增强描述内容。
（5 分钟）

3 为每个角色塑造一种态度。写下每个角色与所选设计问题相关的典型做法、选择和价值观。把注意力集中在与角色潜在相关的方面。
（5 分钟）

4 在一场创意构思的会议中，拥有你自己的角色并从角色的多个角度出发。针对与设计问题有关的极端角色来产生设计想法，并将每个想法记录在便利贴上。
（15 分钟）

5 若要进一步探索角色的行为以及其与提议的设计解决方案之间的互动，可以考虑编写一个情境（p.110），并创建一个故事板（p.120）。

· 焦点小组

通过观察和听取小组讨论来获得见解

学术资源

Courage, C., & Baxter, K. (2006). Understanding your users: A practical guide to user requirements methods, tools, and techniques. San Francisco: Morgan Kaufmann.

Tremblay, M. C., Hevner, A. R., & Berndt, D. J. (2010). The use of focus groups in design science research. In Design Research in Information Systems (pp. 121-143). Springer US.

　　顾名思义，焦点小组是指一群人就某一特定主题进行一次集中讨论。就像访谈（p.78）一样，焦点小组通过提问和促进对话来引发理解。访谈通常只关注采访者和受访者，而焦点小组则允许从一个小组讨论的社会动态中得出调研结果。焦点小组使设计师可以在设计过程的多个阶段收集信息。它们对于收集有关现有经验的具体信息、与用户建立同理心或理解、定义设计问题，以及提供有关设计概念和原型的反馈方面非常有用。

　　由于焦点小组可以包含大量人员（例如 6—15 名参与者），因此它是收集大量数据的一种快速而简单的方法。焦点小组有助于评估可能不太了解的用户、专家或利益相关者的定性意见、态度、实践、需求和优先级。团队性使焦点小组特别适合需要与不同目标群体合作的设计师。例如，在评估一个系统时，由新手用户组成的一个焦点小组可能会揭示出与专家用户所做的截然不同的事情。根据特定焦点小组的社交动态，参与者可能会说出或隐瞒真实的信息。

　　焦点小组通常采用开放和对话的结构，允许设计师深入研究主题领域。主持人帮助指导小组设定议程、提出问题，并为参与者提示进一步的细节。一名观察员或抄写员也可能是便利的一部分。虽然焦点小组必须始终专注于某个特定主题，但让研究结果自然地从讨论中浮现出来，让参与者能够自由地探索有趣的主题，这一点仍然很重要。

练习

需要准备合作伙伴，4—6个参与者，笔、纸、音频/视频记录器（可选）

在这个练习中，你将通过组织一个简短的焦点小组来收集真实的数据。请遵循基本脚本，但要保持对话顺畅，以便寻求有趣的线索。请使用模板做笔记（p.178）。关注你自己的设计问题或遵循未来的超市的设计概要（p.143）。

1 起草焦点小组的结构。将以下角色和职责委托给你的团队。

- 主持人：负责主持焦点小组并保持大家畅所欲言。
- 抄写员/观察员：负责记录参与者的言行。

（10分钟）

2 为4—6个参与者准备一个空间。创建一个安静且私密的环境，减少可能令参与者分散注意力的事情。座位通常安排为圆形，主持人位于中间，抄写员在旁边。还可以设置音频或视频记录设备来记录会谈。

（20分钟）

3 介绍你的研究，让参与者进行热身。主持人需要请每一个人进行自我介绍并提供一些相关背景信息。
例如，名字、工作，以及在哪里购物。抄写员应记录此信息。由于这是一个群体环境，所以在询问诸如年龄或体重等敏感信息时要谨慎。

（5分钟）

4 请使用以下开放式问题开始对话。这些问题可以根据你的主题来定制。

- 告诉我们你最近一次去……
- 体验中最精彩的部分是什么？
- 是什么让你感到沮丧或阻止你做某事？
- 你想对体验进行哪些改变？

允许参与者遵循相关的主题，但要试图确保每个人都有机会在某个时候发言。

（15分钟）

5 通过感谢参与者的参与来结束焦点小组的讨论。

6 与合作伙伴讨论调研结果——你学到了什么？

- 哪些关键的调研结果解答了你最初的问题？
- 现在对设计问题是否有之前没有的理解？
- 如何将这些信息转化为新的设计方案？

· 强制关联

不太可能的匹配会产生新的想法

学术资源

McFadzean, E. (2000). Techniques to enhance creative thinking. Team performance management: an international journal, 6(3/4), 62-72.

Kokotovich, V. (2004). Non-Hierarchical mind mapping, intuitive leapfrogging, and the matrix: tools for a three phase process of problem solving in industrial design. In DS 33: Proceedings of E&PDE 2004, the 7th International Conference on Engineering and Product Design Education, Delft, the Netherlands, 02.-03.09. 2004.

通常，在产生创意的过程中会出现这样一种情况，所有显而易见的创意都被发掘出来了，而设计师却被"卡住"了。提出其他创意就成了一项艰难的任务。在这一点上，我们可以转向横向思维技巧来帮助我们摆脱思维模式。强制关联是这些横向思维技巧之一。

当使用强制关联来产生想法时，我们可以将不同的概念结合起来，并尝试根据这些概念提出新的想法。强制关联练习可以从一个你正在处理的问题或与设计概要有关的对象及主题列表开始。这个列表可以是一组相关的关键词，例如用户目标、可能的活动、目标用户的类型，以及可以帮助解决的问题或设计概要的潜在技术。

该方法也可以通过使用现有的一个关于主题的思维导图并从中随机选择关键词来实现（Kotokovich，2004）。

在随机选择两个或多个关键词之后，下一步是生成一个可解决包含关键词描述的所有内容的解决方案。有时，这可能会让人感到困难或不合逻辑，这就是为什么我们将这些关联称为"强制"的原因。通过强制困难的或不合逻辑的关联，就可能产生不同于你用头脑风暴或其他创意生成技术产生的想法。

你可以根据需要多次重复该过程。一旦用完了一个组合，就会绘制出一组新的不匹配的词，一个新的想法也就随之产生了。

练习

需要准备笔和纸

在这个练习中，你将使用一组以不太可能的组合"强制"在一起的关键词来产生开箱即用的想法。如果你没有一个需要解决的设计问题，请使用 p.142 的博物馆游客体验的设计概要，以及随附网站上的卡片。

1 从做一张与设计概要密切相关的主题思维导图开始。你可以使用 p.88 的思维导图技术。如果遵循"博物馆游客体验"的设计概要，你可以跳过此步骤。
（10—15 分钟）

2 随机选择两个关键词。如果使用卡片，请选择两种不同颜色的卡片。如果使用一张思维导图，请用两个手指指着页面并闭上眼睛（不要作弊！）。这两个词将成为激发创意的动力。

3 写下或勾画出 1—3 个可以处理设计概要的想法，并把这些关键词结合起来，或者从中得到启发。即使这项任务看起来很困难，也要尝试提出至少一个想法——毕竟这些是"强迫"的关联。
（10—15 分钟）

4 从思维导图或列表中选择不同的关键词，并根据你的喜好重复这个练习。你提出的想法可以被直接使用，也可以作为更可行概念的灵感。

·未来的研讨会

共同设想未来的解决方案

学术资源

Kensing, F. and Madsen, K. H. (1992). Generating visions: future workshops and metaphorical design. In Greenbaum, J. and Kyng, M.,editors, Design at Work: Cooperative Design of Computer Systems, pp. 155–168. L. Erlbaum, Hillsdale, NJ.

Lauttamäki, V. (2014). Practical guide for facilitating a futures workshop. Finland Futures Research Centre. Turku School of Economics, University of Turku.

研讨会是参与式设计的基本方法之一，它聚集了一群由设计师、研究人员、用户、客户和其他利益相关者组成的团队，这些人基于共同的利益去解决一个问题。研讨会可以促进授权、民主、团队合作以及共同的想法和创造力。设计师通常在研讨会中担任促进者。未来的研讨会方法使我们能够识别与当前情况相关的问题，设想可替代解决方案，并概述一项实施这些解决方案的行动计划。一个有组织的研讨会通常包含 3 个阶段：点评、想象和实施。

在点评阶段，对当前情况形成一个批判性的理解。参与者集思广益，发现问题，并写下有关这些问题的简短陈述以及观察和评论。然后，以思维导图的形式将书面问题聚集在一起。

在想象阶段，参与者可以发挥创造力并想象问题的各种可能的解决方案，而无须考虑任何限制或约束。重点放在"假设"的情景下，并采用其他技术，例如隐喻（p.50）。例如，在一个图书馆项目中，可以将诸如"作为仓库的图书馆"或"作为商店的图书馆"之类的隐喻介绍给参与者。这些隐喻作为概念性和启发性的工具，旨在帮助参与者提出开箱即用的解决方案（Kensing 和 Madsen，1992）。

在实施阶段，从一个更现实的角度评估所提出的解决方案。最终，这个阶段的目标是产生一个计划草案来确定因所需变化而需要的新对策，需要做什么、由谁来做、使用什么资源以及什么时候等。

练习

在这个练习中，你将协助完成一个未来研讨会。该研讨会由一群人组成，以了解与一个特定问题领域相关的问题。请专注于你的设计问题，或遵循自动驾驶汽车（p.140）的设计概要，并设想一下未来的解决方案。请使用随附网站上的模板作为指导。

1 通过填写模板来规划研讨会。确定你计划在研讨会上与参与者一起使用的其他方法。
（15—30 分钟）

2 将参与者聚集在房间里的一个桌子周围，并解释研讨会的流程。
（5 分钟）

3 进行一次会议点评，让参与者集思广益地讨论其观察到或经历的与设计概要有关的问题。与传统的头脑风暴法相比，诸如脑力书写（p.28）之类的方法通常会产生更好的结果。使用便利贴记录问题和评论。创建一张已识别问题的思维导图（p.88）来揭示问题的领域。
（20 分钟）

4 进行一次想象式的会议，参与者可以为上次会议中确定的问题领域设想尽可能多的解决方案。在此阶段不要考虑任何限制，鼓励参与者互相借鉴，使用假设情境来促进想法产生。
例如，如果你附近没有道路怎么办？
例如，如果市中心没有停车场怎么办？
例如，如果你的车像一间办公室怎么办？请用便利贴把想法记录下来。
（30 分钟）

5 举行一场实施会议，让参与者切合实际地讨论并评估想法。制订一份计划草案，其中包括参与者、资源和最有前景的想法的时间表。
（30 分钟）

·小组传递

共同提出新想法

学术资源

Van Der Lugt, R. (2002). Brainsketching and How it Differs from Brainstorming. Creativity and Innovation Management 11(1), 43-54.

小组传递技术，也称为脑绘技术，是一种头脑风暴的形式，它让团队成员通过合作来产生新的想法、解决方案或设计理念。通过共同合作，团队成员可以相互借鉴创意。该技术从团队的所有成员中寻找对于每个想法的新观点，鼓励他们为一个想法做出贡献，同时避免批评或负面的反馈。

在第一步中，每个团队成员都可以通过草图、文字或是将这两种方式结合起来把一个想法记录在一张纸上。在第二步中，每个成员将这张纸传递给自己左边的人，并从右边的人那里接收另一张纸，通过在纸上添加更多细节来进一步生成最初的想法。纸张在小组中传递，直到每个人都为每个成员的想法做出了贡献。一旦纸张的传递完成了，并且每个成员都收回了他们各自最初的那张纸，便可以大声读出这些想法，然后讨论其他成员提供的特点、细节或解决方案。

与其他头脑风暴技术一样，小组传递可以用于一个设计项目的构思阶段。除了作为一种构想的方法之外，它还是一种促进协同工作与合作的强大技术。它促进了建设性的协作，并有助于克服在一个小组中分享不完善的想法时的潜在焦虑。

与其他头脑风暴技术相比，小组传递所产生的结果较少，但其结果的内容更为详尽。此外，自由风格的写作和对想法的构思消除了表达新的和开箱即用的想法的限制。

练习

在这个练习中，你将使用小组传递技术来合作生成大量的设计解决方案。通过这项技术，你可以使用带注释的草图来建立彼此的想法。请专注于你的设计问题或选择一个设计概要（p.139）。

1 在纸张顶部写下你的头脑风暴会议的主题。在小组中讨论这个主题，分享任何之前已有的知识以及以前可能已经收集到的任何研究成果。
（5 分钟）

2 绘制一个可以解决设计问题的想法。如果这有助于传达你的想法，请添加有关背景、环境或用户的详细信息。
（5 分钟）

3 请小组中的每个成员轮流简要地解释他们的想法。在此阶段，请避免提出问题或向他人提供反馈。
（5—10 分钟）

4 将纸张传递给坐在你左边的人，然后进行下一轮。

5 检查一下别人提供给你的想法。考虑一下你可以如何对其进行改进、开发或添加更多的细节。这些可能是新的特性、新的形式、与用户互动的相关详细信息、审美性等。如果一个新的想法是由最初的想法引发的，请尝试勾画出一个组合或记下它们之间的不同之处。
（5 分钟）

6 每个成员都对提供给自己的想法进行格外的解释。请轮流进行，直到每个人都提出了自己的想法。
（5—10 分钟）

7 重复这个过程，直到每个人都为其他团队成员的想法做出了贡献，并且每一张纸都物归原主。
（5 分钟一个周期）

8 对最初的想法进行补充。它是如何演变的？与小组成员讨论最终想法的优点。
（10 分钟）

·英雄故事

通过推测性的故事叙述来展望构想

学术资源

Hinyard, L. J., & Kreuter, M. W. (2007). Using narrative communication as a tool for health behavior change: a conceptual, theoretical, and empirical overview. Health Education & Behavior, 34(5), 777-792.

Dickey, M. D. (2006). Game design narrative for learning: Appropriating adventure game design narrative devices and techniques for the design of interactive learning environments. Educational Technology Research and Development, 54(3), 245-263.

英雄故事方法围绕着人们对设想的一个产品或服务可能拥有的关键体验，且包含以此来创建并评估的推测性故事。通常，英雄故事专注于单个用户的体验，例如，基于先前开发的人物角色（p.100）。不同于基于人物角色的演练（p.98），其专注于普通的任务或场景，英雄故事则是探索了极端的情景。

使用讲故事的技巧，一个英雄是由一个面临重大挑战的普通人演变成的。随着故事的发展，这个普通人找到了克服这一挑战的方法。英雄故事是由一个结构化框架来开发的，其中包括当前的状态、一个煽动性事件、转变和回归。当前的状态描述了用户的体验，介绍了用户的价值观和关注点，以及允许出现一个相关问题的条件。煽动性事件描述了用户出现某个问题的事件。在此基础上，针对这个解决方案提出了一个主张。该解决方案被描述为转变，显示了正在为用户解决的煽动性事件。这是英雄遇到或使用设想的产品或服务的地方。最后的组成部分（回归）将故事带回起点，并解决了最初的挑战。

一旦英雄故事被开发出来，便可以对潜在用户或其他利益相关者进行测试。在记下参与者的评论并给参与者讲述故事后，应该提出开放式问题来探究为什么参与者会以那种方式对英雄故事做出反应。

这种方法对于不涉及任何实物或数字产品的服务设计特别有价值。它可以作为一种协作构思的方法，也可以用于对设计概念的评估。

练习

在这个练习中，你将编写一个英雄故事，并使用它来探讨设计问题同时生成反馈。请关注于你的设计问题或选择一个设计概要（p.139），并使用随附网站中的英雄故事模板。

1 选择英雄，即这个故事将关注的用户。他们是谁？在开始他们的旅程之前，请先描述一下他们的性格和状态。他们的价值观和关注点是什么？确保以用户研究为基础，例如在人物角色（p.100）中捕捉到的信息，或者从一个特定点观察中获得的灵感。
（10 分钟）

2 从头开始。在他们的问题出现之前，英雄正在做什么？将视觉效果与简单的短语搭配在一起来设置场景。在故事的每一个阶段使用素描或照片作为补充。
（10 分钟）

3 编写煽动性事件。某些事情发生了变化——英雄遇到了意想不到的困难或接触到了影响其世界观的新事物。需要采取措施。
（10 分钟）

4 介绍变革性的解决方案，描述英雄如何采取行动来解决问题，以及哪些产品或服务能够支持他。该解决方案不一定可行，其主要用于测试你对英雄所代表的用户问题的理解。
（10 分钟）

5 以英雄的归来作为结束。故事的最后一部分将对叙事进行总结，其中，英雄将返回到一个他们开始时所处情景的改进版本中。
（10 分钟）

6 通过要求参与者大声朗读故事来对英雄故事进行测试。在阅读时，参与者可以提出问题或表达自己的观点。随后进行开放式的采访并记录参与者的反馈。
（每个参与者 10 分钟）

7 再次进行测试。根据参与者的反馈，你需要做出哪些改进？如果你的故事没有引起参与者的共鸣，请返回并根据他们的反馈来重复故事，或者更改设想的解决方案。

启发式评估

与领域专家一起测试你的解决方案

学术资源

Nielsen, J., & Molich, R. (1990, March). Heuristic evaluation of user interfaces. In Proceedings of the SIGCHI conference on Human factors in computing systems (pp. 249-256). ACM.

Nielsen, J. (1992, June). Finding usability problems through heuristic evaluation. In Proceedings of the SIGCHI conference on Human factors in computing systems (pp. 373-380). ACM.

Nielsen, J. (1994). Heuristic evaluation. In Nielsen, J., and Mack, R.L. (Eds.) Usability Inspection Methods. New York, NY: John Wiley & Sons.

启发式评估是一种可以在短时间内以低成本收集早期设计反馈的有效方法。与其他涉及最终用户的可用性评估方法不同，启发式评估方法收集专家们的反馈。利用他们的领域知识，专家可以确定所设计的解决方案是否符合某些可用性原则，这种方法也称为启发法。

可以通过使用一个元素清单来进行启发式评估。一个流行的参考清单是"用户界面设计的 10 种启发式方法"列表（Nielsen 和 Molich，1990；Nielsen，1994）。该列表包括系统状态的可见性、系统与现实世界之间的匹配、用户控制、一致性、错误预防、识别而非召回、使用的灵活性、审美性、从错误中恢复以及帮助等选项。

领域专家与系统进行互动，寻找设计与启发式评估不相符的情况。可以建议专家与产品进行多次互动，从而确保在评估之前对产品有足够的了解。参与的专家越多，结果就越全面。根据研究，一位专家将会发现所有可用性问题的 35%，而 5 位专家将发现所有可用性问题的 75%（Nielsen 和 Molich，1990）。确定的问题数量还取决于评估人员的专业水平（Nielsen，1992）。

启发式评估的结果是一份报告，其中包含与系统元素相关联的可用性问题列表，并根据可用性原则进行分类。该方法的有效性在很大程度上取决于专家的知识储备和他们对启发式评估的熟悉程度。

练习

需要准备笔、纸

在这个练习中，你将扮演一个专家评估者的角色。你将基于用户界面设计的 10 种启发法来评估你选择的一个网站。请选择一个与你的设计问题有关的网站，或者选择未来的超市的设计概要（p.143），然后使用 p.179 提供的启发式评估模板。

1　花一些时间浏览网站，熟悉菜单和不同的功能。至少执行 3 个不同的任务：
例如，订购一块面包。
例如，寻找最便宜的黄油品牌。
例如，查看购物车中的物品。
（15 分钟）

2　使用启发式评估模板对网站进行评估。完成刚刚执行的相同任务，并与每种启发式原则建立联系，请注意任何相关的事件或问题：
例如，如果你在单击"开始"键时没有收到任何反馈，请在"系统状态可见性"下记录此注释。
例如，如果重要的按钮在页面之间切换位置，请在"一致性"下记录该注释。
（50 分钟）

3　仔细检查清单，确保已经考虑了所有的启发式元素。在理想情况下，针对每个可能的任务考虑每一个原则。然而，出于本练习的目的，你可以集中精力查看已经熟悉的 3 个任务。
（5—10 分钟）

4　查看所有可用性问题及其与启发式元素的链接。是否存在不属于这 10 个给定类别的可用性问题？将它们添加到列表的底部，并尝试定义它们的混淆之处，请创建你的启发式元素。
（5—10 分钟）

5　为每个已确定的可用性问题添加严重性等级。使用从 0—4 的等级：
0= 没有可用性问题。
1= 表面问题。
2= 次要问题。
3= 主要问题。
4= 可用性灾难。
（10—15 分钟）

6　作为后续活动，通过确定解决可用性问题的方法来完成练习。请使用头脑风暴方法，例如脑力书写 6-3-5 法（p.28）。用框架的形式记录你的想法（p.136）。

·交互重新标记

将焦点从功能转移到交互可能性

学术资源

Djajadiningrat, J.P., Gaver, W.W. and Fres, J.W., (2000), August. Interaction relabelling and extreme characters: methods for exploring aesthetic interactions. In Proceedings of the 3rd conference on Designing interactive systems (pp. 66-71). ACM.

　　在某些设计情况下，通过横向思考来探索新的想法是一种有益的练习，可以暂时替代研究驱动的设计决策。与分析来自真实参与者和现实情境中的真实数据（如访谈数据或观察数据）相比，对观点的有趣探索可以提供不同性质和视角的见解。

　　作为一种构思方法，交互重新标记通过将待设计的产品或服务替换为另一个现有对象来鼓励探索设计想法。将与现有对象的交互映射到与设想产品的交互。现有对象不必与待设计的人工制品非常相似，这有助于探索现有的含不同复杂性的不同对象。机械产品运作良好是因为它们鼓励人们超越产品或服务的数字层面去进行思考。

　　例如，玩具左轮手枪可以作为一个对象来检查与日历的交互（Djajadiningrat 等，2000）。可能的映射包括将项目符号与预约相关联，从而允许进一步的关联，例如删除项目符号以取消所有预约或在墙上发射项目符号以显示一次预约的详细信息。

　　在理想情况下，交互重新标记是在一个小组中进行的，因为这会鼓励对映射交互进行有趣的竞争性探索，从而使想法能够相互建立。然后，通过这种方法产生的想法可以被重新引入设计过程中，并在设计问题的情境中根据它们的价值和意义来进行评估。这样一来，交互重新标记可以提供一个额外的想法和灵感来源，以补充其他更结构化的方法。

练习

需要准备 3—4 人，机械物品（例如订书机、眼镜、雨伞）、笔、纸

在这个练习中，你将使用交互重新标记来为新的社交网络应用程序或你正在使用的设计概要集思广益。请使用随附网站参考资源中提供的眼镜，或使用其他机械物品去探索交互作用。

1 通过与小组成员讨论设计概要来进行热身。
例如，团队成员使用哪些社交网络？
例如，使用它们的主要目的是什么？
例如，在一个典型的会议中，你执行了哪些活动？
（5 分钟）

2 确定与该产品交互时所必需的特性。试着列出至少 10 种不同的特性，并在纸上或素描本中做笔记。
例如，添加和删除朋友的功能。
（5 分钟）

3 假想一下，你所选择的机械物品是你与社交网络进行交互的方式。请在小组中传递这个机械物品，并进行可能存在的互动。将需要执行的不同任务映射到物品的特定功能上。
例如，戴上眼镜并看着一个可能会将其添加为朋友的人。
（10 分钟）

4 继续在小组中讨论可能存在的互动，直到用尽所有想法为止。确定可能有助于重新进入设计过程的交互可能性，并将它们记下。
（10 分钟）

5 使用不同的物品作为刺激物来重复这个练习。

·访谈

只有提出好问题，你才能得到好的答案

学术资源

Doody, O., & Noonan, M. (2013). Preparing and conducting interviews to collect data. Nurse researcher, 20(5), 28-32.

Jacob, S. A., & Furgerson, S. P. (2012). Writing Interview Protocols and Conducting Interviews: Tips for Students New to the Field of Qualitative Research. The Qualitative Report, 17(42), 1-10.

访谈是设计师可以使用的最灵活的研究工具之一。它们可以用于设计过程的许多阶段，以便从专家、用户和其他利益相关者那里收集信息。一次访谈的目的可以是了解关于一个问题区域的背景信息、判断用户对概念的看法，或收集有关一个新原型的详细反馈。通过精心设计的访谈，我们可以深入了解用户的体验，并与我们的设计对象产生共鸣。访谈对于收集关于现有经验的具体信息特别有用，而不是对未来产品或情况的推测。

访谈有 3 种常见类型。在结构式访谈中，脚本是事先确定好的，访谈过程严格遵循。非结构式访谈大多使用开放式问题，并且在访谈中会出现新的问题。半结构式访谈把固定脚本问题和开放式问题组合起来使用。在一个设计情况下所选择的访谈类型取决于设计意图，例如，针对特定的问题去收集答案或是对某个主题领域进行广泛调查是否重要。缺少结构的访谈的好处是可以通过"探究"参与者来获取更多信息，并在访谈中跟踪有趣的线索。

半结构式或结构式访谈通常需要每位参与者大约花费 1 小时时间；对于小规模的研究，建议至少有 3—8 个参与者参加。在遵循脚本之前，试着先与一个人进行访谈对引导访谈很有帮助。谨慎地选择参与者也同样重要，这样可以确保他们代表了目标受众——如果关系密切的朋友或同事不是正在设计的产品或服务的潜在用户，则他们不适合参与。有关联的参与者才能给予切题的见解。

练习

需要准备 1个合作伙伴，笔、纸、录音设备（推荐）

在这个练习中，你将通过与其他人进行半结构式访谈来收集关于他们对于一个产品或服务的体验的真实数据。你将遵循一个基本的脚本，但应该追求有趣的线索。请使用随附网站中提供的模板做笔记。

1 选择一个话题来采访你的合作伙伴，例如去电影院或乘坐公共交通工具。也可以选择其中一个设计概要作为你关注的话题（p.139）。

2 首先通过简单的问题让参与者进行热身。一种方法是收集与主题相关的人口统计数据。
例如，姓名、年龄、性别、文化背景等。
（2—5分钟）

3 使用以下开放式问题进行访谈。这些问题可以根据主题定制：
- 告诉我你最近一次去……
- 体验中最精彩的部分是什么？
- 是什么让你感到沮丧或阻止你做某事？
- 是什么促使你使用/去做……
- 对于体验，你想对其进行哪些改变？
（10—60分钟）

4 当受访者遇到了一个有趣的话题时，提醒他们提供更多的详细信息。尝试使用阶梯法（p.82）来发现受访者更深层次的动机和潜在原因。

5 随身携带笔记。练习记录关键词和相关的细节，不要因暂停时间太长而影响访谈流程。在真实的访谈中，采访者通常会使用一个录音设备来协助访谈，在这种情况下，有必要征得受访者的许可来记录他们的回答。

6 可以用从访谈中收集来的数据做很多事情，例如创建亲和图（p.22），开发人物角色（p.100），或者反思这些信息对你的设计意味着什么。

·KJ头脑风暴

协作连接与优先考虑想法

学术资源

Spool, J. M. (2004). The KJ-technique: A group process for establishing priorities. User interface engineering.

Kawakita, J. (1991). The original KJ method. Tokyo: Kawakita Research Institute.

在团队中，所有成员就设计过程中应优先考虑的事项达成共识可能是具有挑战性的工作之一。达成共识对于团队而言至关重要，这样可以使团队通过关注最重要的问题或想法来有效地管理资源。KJ 头脑风暴法（简称 KJ 法）提供了一种结构化的方法来明确这些首要任务。

KJ 法是以其创始人日本人类学家川喜田二郎（Kawakita Jiro）的名字命名的，它提供了一个过程，用于组织和优先排列一个设计解决方案中需要处理的大量数据项，这些数据项以事件或想法的形式展现。将项目归到通过一张亲和图来展现的核心主题中。与用来分析研究数据并产生想法的亲和图方法（p.22）不同，KJ 法专注于对这些核心主题的协作识别。一旦完成了所有项目的分组，参与者便可以共同确定 3 个最重要主题的优先级，这 3 个主题可以代表事件或想法。

KJ 法为团队何时应该或不应该讨论项目和是否聚集提供了明确指示。通过在空闲时间进行讨论，团队可以专注于生成主题，而不会陷入一个事件或卷入一场冲突中。有关热门主题的决定是通过集体投票做出的。

尽管在传统上，KJ 法用于数据组织，但它是在解决一个设计问题时，通过头脑风暴产生新想法的一种有效方法。在与大型团队合作时，以及在团队成员已经熟悉设计问题的情况下，KJ 法尤其有用。

练习

需要准备 至少 4 人，普通笔、纸、便利贴(3 种颜色)、一面墙、荧光笔

在这个练习中，你将使用 KJ 头脑风暴法来识别用户研究数据中的主题并确定其优先级。如果你没有自己的数据，请使用随附网站中包含的访谈记录。另外，你也可以使用通过脑力书写 6–3–5 法（ p.28 ）所产生的想法来完成该练习。

1 单独阅读访谈记录。用荧光笔标记出文本中涉及用户兴趣、需求、事件、行为等的声明。
（10—15 分钟）

2 作为一个团队，围绕设计事件选择一个问题作为亲和图的焦点。
例如，AirBNB[1] 或日历应用程序中的哪些功能对商务旅客来说很重要？
请将问题写在一张纸上，然后挂在墙上。
（2 分钟）

3 根据焦点问题独自生成想法，同时牢记你读到的用户见解。将每一项回复写在便利贴上，然后粘在墙上。
（10 分钟）

4 阅读墙上的所有笔记，并根据需要添加新项目。此时，小组内部不应该就笔记内容进行任何讨论。
（5—10 分钟）

5 查找应该放到一起的项目，并将它们一起移到墙上作为一组。也可以将项目移动到其他人创建的组中。此时应避免讨论。这个阶段将一直持续到每个便利贴都被添加到一个组中。
（5 分钟）

6 为每个组选择标签，并将它们记录在不同颜色的便利贴上。你可以和团队成员讨论这些标签。必要时可以拆分、合并或创建分组。查看每个组中的项目，如果它们不再属于这个组，则需要将它们移到合适的组中。
（5—10 分钟）

7 对与焦点问题最匹配的 3 个最重要的组进行排序。每个团队成员通过在他们认为应该优先考虑的组上画一个星号，从而为最多 3 个组投票。以小组的形式讨论新兴主题，并回顾可以将其融入设计中的方式。
（5 分钟）

---

1 AirBNB（AirBed and Breakfast），爱彼迎，一家联系旅游人士和家有空房出租的房主的服务型网站，总部位于美国旧金山。

·阶梯法

找出真正重要的东西

学术资源

Reynolds, T. J., & Gutman, J. (1986). Developing a Complete Understanding of the Consumer: Laddering Theory, Method, Analysis, and Interpretation. Oslo, Norway: Institute for Consumer Research.

Jordan, P. (2000). Designing Pleasurable Products: An Introduction to the New Human Factors (pp. 121-181). London: Taylor & Francis.

阶梯法是一种访谈技术，用于发现人们对一个产品或服务看法的潜在原因。大多数人可以很容易地阐明他们对一个产品或服务的基本属性满意与否。然而，查明其中的原因却比较困难，即这些基本属性如何影响这个产品或服务，以及这些基本属性与这个产品或服务的价值之间的关系。以上就是阶梯法的框架所能解决的方面。

阶梯法访谈遵循与常规访谈（p.78）相同的基本原则，但是在询问问题和对结果数据进行编码时，应用了预定义的抽象级别。这些抽象级别包括基本属性（A=attributes）、结果（C=consequences）和价值（V=values）。阶梯法使我们能够更深入地探究用户的感受，并通过从属性到结果再到个人价值来提升抽象的层次。

在进行阶梯法访谈时，采访者通过询问用户为什么某些特定属性对他们很重要，从而对用户的回答做出回应。讨论可以针对潜在关注点的抽象级别。在访谈之后，下一步是转录用户的回答，并根据3个抽象级别（A、C和V）对回答进行编码。

阶梯法有助于识别产品或交互作用的高级感知与产品属性之间的联系。通过同时考虑定性和定量这两个方面，阶梯法可以为设计研究添加一个独特的视角。它使发现产品属性和视角之间的联系成为可能，例如感知的收益、价值和属性，并解释为什么某些属性比其他属性更重要。

练习

在这个练习中，你将通过与另一个人就一个产品或服务进行阶梯法访谈来收集数据。可以使用该技术来收集与你的设计问题有关的数据，或选择一个设计概要（p.139）。

1 选择一个与你选择的问题领域相关的产品或服务，作为阶梯法访谈的焦点。向参与者介绍这个主题。
例如，出租车服务（适用于自动驾驶汽车的设计概要，p.140）。
（5分钟）

2 编写一个罗列开放式问题的清单，在半结构化访谈中使用。有关问题的建议，请参阅访谈的方法（p.78）。
（10分钟）

3 开始访谈，仔细听取参与者的回答，以便可以提出战略性问题。参与者就他们的感受给出的最初理由通常与产品或服务的基本属性有关。
例如，参与者说："我不喜欢使用出租车服务，因为我必须要等待。"

4 每当听到一个理由后，你可以在阶梯法访谈中询问："这对你为什么（在此处插入原因）很重要？"这将帮助你找到导致参与者形成这种观点的潜在后果。
例如，采访者说："为什么等待对你不重要？"
例如，参与者说："因为我不想提前做计划，例如，所以我只想在需要的时候去。"

5 继续询问这个问题，直到用户想不出答案为止。这将帮助你获取参与者的潜在价值。
例如，采访者问："你为什么不提前计划？"
参与者回答："因为我想要一时冲动的自由。"

6 在整个半结构化访谈中继续进行步骤3—6，直到你用完准备好的问题并且谈话自然地结束。
（60分钟）

7 请逐字逐句回顾访谈的内容，对其进行识别并编码为：（A）属性——具体和抽象；（C）结果——功能和心理；（V）价值——工具性和最终性。

8 通过在编码词之间绘制链接，创建用于汇总数据的概念图。
例如，自由→无计划→不等待。

·低保真原型

创建思想的有形表现

学术资源

Svanaes, D., & Seland, G. (2004). Putting the users center stage: role playing and low-fi prototyping enable end users to design mobile systems. In Proceedings of the SIGCHI conference on Human factors in computing systems (pp. 479-486). ACM.

Sefelin, R., Tscheligi, M., & Giller, V. (2003). Paper prototyping-what is it good for?: a comparison of paper-and computer-based low-fidelity prototyping. In CHI'03 extended abstracts on Human factors in computing systems (pp. 778-779). ACM.

Warfel, T. Z. (2009). Prototyping: a practitioner's guide. New York, NY: Rosenfeld Media.

原型是对设想的一个产品的表现形式。低保真原型可以在一个设计过程的早期快速地探索创意。它们可以用来对一个设计进行反思，或在一个团队中讨论设计的解决方案，并通过可用性测试（p.126）从潜在用户那里获得反馈。

原型应该代表最终产品的实际规模，这使人们可以体验到与最终产品交互时的感觉，包括它是否易于使用，以及是否有需要改进的地方。它们通常使用各种材料通过手工制作而成，但这并不代表最终的视觉设计效果。奔迈公司[1]的创始人杰夫·霍金斯（Jeff Hawkins）随身携带着一台木头大小的袖珍电脑，后来促成了他成功地发明了掌上电脑（Palm Pilot）。为了确定要包括哪些特性以及如何设计它们，杰夫·霍金斯会把原型带到会议上，并用钢笔直接在原型上书写构思创意，就好像在安排日程表的预约一样。

低保真原型与实体模型（p.90）有所不同，因为前者不代表最终的视觉设计效果。低保真原型也不同于框架（p.136），因为前者使用有形的材料来探索人们如何与最终产品或服务交互。因此，低保真原型通常采用"水平"原型的形式，该原型代表一个产品界面的表面，而不是任何底层技术。相比之下，"垂直"原型仅代表产品界面的一小部分（例如，仅登录页面），但可以全面地实施并发挥作用——这对于测试技术方面，例如加载时间，非常有用。

---

1 奔迈公司（Palm Computing），1992年1月成立于美国硅谷。专注于设计轻巧方便且人性化的笔式随身电脑。

练习

需要准备 笔、描图纸、剪刀、胶带、蓝钉

在这个练习中，你将设计一个强调某个特定设计概要的低保真原型。你可以选择其中一个设计概要（p.139），也可以专注于你的设计问题。如果你有来自用户研究的发现（例如访谈，p.78），请务必在设计中考虑它们。

1 绘制你想在原型中表现出来的产品部分。选择一个特定的任务，并列出此任务所需的所有步骤。

例如，在一个社交网络应用程序中将一个人添加到你的朋友列表中。

（15 分钟）

2 使用笔和纸为你的产品创建框架（p.136）。这些是在第一步中生成的草图的一个新版本，并在每个屏幕上显示关键元素。

（30 分钟）

3 在上一步的基础上，使用任何合适的材料来创建一个物理原型。

例如，对于社交网络应用程序案例，使用提供的智能手机绘图模板（p.195）为每个屏幕创建一个纸质版本。添加动态功能以允许用户交互。这可以通过交换屏幕或以便利贴的形式添加图层来实现。

例如，在一个社交网络应用程序中，按下"查找"按钮将弹出一个新屏幕，其中列出了与在"搜索"栏中输入的姓名相匹配的人。

（30 分钟）

4 通过将真实内容直接写入原型或在可以覆盖的其他材料（如便利贴）上添加真实内容。

例如，在一个显示社交网络应用程序搜索结果的屏幕中，添加一些虚构但听起来真实的名字，这将有助于赋予原型一个更真实的感觉。

（15 分钟）

5 你还可以制作其他物理方面的原型。例如，可以使用最少的材料来创建虚拟现实耳机的一种物理表现形式，例如硬纸板 VR 耳机。

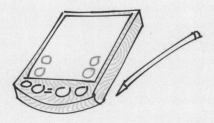

·映射空间

在空间和时间中捕捉身体的运动

学术资源

Lynch, K. (1960). The image of the city (Vol. 11). Cambridge, MA: MIT Press.

Paay, J., Kjeldskov, J., Howard, S., & Dave, B. (2009). Out on the town: A socio-physical approach to the design of a context-aware urban guide. ACM Transactions on Computer-Human Interaction (TOCHI), 16(2), 7.

Sefelin, R., Tscheligi, M., & Giller, V. (2003, April). Paper prototyping - what is it good for?: a comparison of paper-and computer-based low-fidelity prototyping. In CHI'03 extended abstracts on Human factors in computing systems (pp. 778-779). ACM.

一个多世纪以来，艺术家、建筑师和摄影师一直致力于记录人类在空间和时间上的身体运动。在摄像机出现之前，他们只能采用静态手段。这种对如何捕捉随时间变化而运动的迷恋促成了包含动态摄影和未来主义的意大利艺术运动发展，其秉承了在画布上或以雕塑形式捕获能量的理想。

然而，以一种静态方式映射运动的功能具有超出艺术表现力的实际应用性。作为一项研究技术，它可以帮助我们记录空间的性质、空间是如何被利用的、什么是共同路径和流动，以及人体在该空间中所占体积的信息。在单个静态快照中，我们可以清楚地了解一个空间在一段时间内是如何被多个用户或单个用户使用的。当设计一个具有空间维度的物体或系统时，这些考虑非常有用。

我们可以映射出空间的许多维度，例如空间的边界、人们在此空间中移动时的编排和比例。人们同样感兴趣的还可能是物体的区域、轨迹和速度之间的基础设施与联系，以及内部空间和外部体积。这通常是通过在纸上使用不同种类的线条（颜色和厚度）描绘完成的。在这个过程中，我们通过半透明的层来构建信息。映射空间方法可以包含任何有助于记录这些维度的表现形式。

练习

需要准备 1个合作伙伴，记号笔、彩笔、描图纸、照相机

在这个练习中，你将创建一个物理空间的静态图，其中包含如何使用该空间的多个维度。通过在练习中尝试不同的映射空间的方法来提高你的感知能力和分析能力。

1 进入你将要映射的空间，花时间将自己沉浸其中。通过漫步其中计数步数，来用你的身体测量空间。与合作伙伴讨论空间及其品质。有哪些材质、材料和照明？是否有植物、动物以及人？
（5分钟）

2 用一条粗黑线来映射空间的边界，包括墙壁／边界、家具或功能元素的轮廓。为这个示意图制作多个副本，便于利用不同的信息创建多个版本。
（10分钟）

3 在一层描图纸上，使用彩色线条来映射对空间的使用。追踪不同人的轨迹，按时间顺序排列，即谁在使用空间以及什么时候使用？利用不同的颜色来表示不同的用途或用户。
（25分钟）

4 对使用该空间的人进行详细拍照。描述并记录正在发生的活动。从同一角度拍摄多张照片。
例如，下午5：13，一个年轻人进入该空间，并拿出一个三明治，然后吃了它。下午5：23离开。
（10分钟）

5 与合作伙伴交换示意图，并在另一张描图纸上将其他信息映射到示意图上。尝试添加一个新的视角或其他细节。观察并比较你们的不同观点。
（10分钟）

6 通过以下方式映射空间中物体的运动：
· 拍摄一个人在空间中移动的多张照片。
· 拍摄一个人在空间中各种姿势的照片。
· 拍摄两个或多个人互动的多张照片。
· 随后使用计算机软件（例如Adobe Photoshop）将这些照片叠加为一张图像，并将其作为附加的图层／注释映射你的空间。
（30分钟）

·思维导图

（谁、什么、何时、何地、为什么、如何）

制作连接和关系的快照

学术资源

Buzan, T., & Buzan, B. (1996). The Mind Map Book: How to Use Radiant Thinking to Maximize Your Brain's Untapped Potential, New York: NY: Plume.

Kokotovich, V. (2008). Problem analysis and thinking tools: an empirical study of non-hierarchical mind mapping. Design Studies, 29(1), 49-69.

思维导图是在 20 世纪 70 年代开发的一种记录和制作笔记的技术，起源于关于大脑如何解读和储存信息的认知研究。在思维导图中，我们以一种利用物理和空间关系来更好地促进长期记忆的方式去记录信息。由于我们经常处理大量信息，因此该技术在设计中有多种应用，这使得它难以保留一种概述。

尽管有很多创建思维导图的规则，但思维导图已经存在了足够长的时间，因此其他人已经找到了利用它的更多方法。然而，最初的关键规则由托尼·布赞（Tony Buzan）和巴里·布赞（Barry Buzan）于 1996 年在 *The Mind Map Book* 一书中阐述且至今仍然适用，正是因为这种呈现和组织信息的方式帮助了我们保留信息。它们的关键规则如下：

- ·中心概念记录在纸的中间，作为分支的一个锚点。
- ·每个新添加项都附加到锚点或现有的一个分支上，此处不应有自由浮动的元素。
- ·颜色和图像用于增强记忆力。
- ·在每个分支上使用关键字来代替完整的句子。
- ·按照方向一致的原则记录文本，保证文本非垂直或倒置。

在设计中，一个特别有用的思维导图版本是当信息按照"谁""什么""何时""为什么""何地"和"如何"这几个关键分支进行构建时，我们将其称为 5W1H 框架。通过添加我们了解的有关某个问题区域的所有信息，我们可以非常快速地创建关于某个需要设计的新产品或服务的设计背景的一张示意图，并开始使用上面的诱因符号来产生想法。这是从你的大脑中获取现有信息并将其写在纸面上的一种好方法。

练习

在这个练习中，你将使用 5W1H 框架逐步创建一个思维导图，以便对你的问题领域有一个快速的了解。你完成的思维导图将作为构思和未来设计工作的一个参考。

1 在一张纸的中间写下中心主题或话题。用"谁""什么""何地""何时""为什么""如何"等关键词，从中心主题辐射出来，并以等距的分支写在纸上。

2 将有关问题区域的所有信息添加到这些类别中。为了填充每个分支，问自己一些以该特定词开头的问题。例如。
- 谁在使用产品或服务？写下所有可能的用户或利益相关者。
- 产品或服务具有什么形式或特性？它有什么用？
- 他们在哪里使用它？内部、外部、一个特定位置，在他们身上？
- 他们什么时候使用它？可能是一天中的某个时间段，或是在一项活动期间。
- 他们为什么使用它？高层目标和功能目标在这里同样有用。
- 他们如何使用它？有时已经包括交互的形式或方法，例如按钮或手柄，有时也可能包括一些初始想法。

（15 分钟）

3 每个问题可以有多个答案，将所有答案记录在思维导图中。不必担心同一类别的答案放在一起会没有意义，或者它们不是同一种类的答案。切记使用关键词而不是完整的句子来记录答案。

4 利用思维导图作为形成思维的一种工具，例如，通过使用强制关联（p.66）。思维导图还可以用于反映设计概念是否正在解决问题领域中足够多的方面。将其作为设计项目的持续参考。

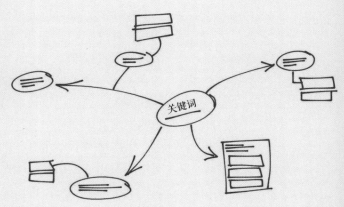

关键词

·实体模型

创建设想产品的视觉模型

学术资源

Gerber, E., & Carroll, M. (2012). The psychological experience of prototyping. Design studies, 33(1), 64-84.

Ohshima, T., Kuroki, T., Yamamoto, H., & Tamura, H. (2003). A mixed reality system with visual and tangible interaction capability-application to evaluating automobile interior design. In Proceedings of the 2nd IEEE/ACM International Symposium on Mixed and Augmented Reality (p. 284). IEEE Computer Society.

实体模型是产品及其特性的缩放或全尺寸模型。它们已在工业设计和制造过程中广泛使用,以便在一个设计过程的早期对所设想产品的细节做可视化的展现。在花费时间构建功能原型之前,实体模型还可以用于测试想法和获得外部利益相关者的认可。

实体模型专注于视觉方面,例如样式和颜色,而框架(p.136)则专注于结构和功能。在设计实体产品时,实体模型允许探索特定的形态因素,例如人们如何用手拿着所设计的产品。当设计数字化的解决方案时,它们用于创建视觉设计的高保真表现形式,其中包括实际内容、字体类型、配色方案等。实体模型的设计应尽可能接近产品最终的视觉表现形式。创建实体模型的过程取决于产品的性质。纯数字化的解决方案可以在基于矢量的图形编辑工具中生成,也可以通过使用提供预定义用户界面元素的专用实体模型软件工具生成。实体产品可以通过使用 3D 建模软件和快速成型技术进行模拟,例如 3D 打印和激光切割,然后再应用颜色和纹理特征。也可以使用数字投影映射将颜色和视觉纹理添加到实体模型上。这使得设计师只需点击一个按钮,即可尝试不同的颜色或视觉设计。

实体模型不允许用户交互,因为它们并不起作用。尽管如此,实体模型仍可以用作一个产品某些功能的初步用户测试,甚至可以用来模拟用户交互和流程。当与参与者一起测试数字化模型时,使用模型屏幕的打印输出会很有用。

练习

需要准备草图（sketchapp.com）
或其他基于矢量的图形工具

在这个练习中，你将为一个数字化的解决方案创建一系列模型屏幕。可以从你的设计概要或自动驾驶汽车（p.140）的设计概要开始。框架提供了结构、功能和占位符内容，这些可以在随附网站的参考资源中找到。

1 从你的一个项目或随附网站上的参考资源部分中，选择 3 个描述数字化解决方案使用场景的框架。

2 建立样式和配色方案，确保它们符合产品的性质。
例如，对于一个银行应用程序，请选择一个公司配色方案。
例如，对于社交网络应用程序，请选择一个非正式的配色方案。
如果引入了特定的图形细节，请为何时何地使用这些细节建立规则。
例如，所有按钮上的圆角。
（15 分钟）

3 确定 1—2 种字体类型和字号大小，并始终在实体模型中使用这些字体。在每个屏幕上，相同的字体表达相同的目的。
例如，12pt 的加粗字体 Helvetica[1] 用于菜单标题，10pt 的常规字体 Helvetica 用于正文。
（5 分钟）

4 确定内容。你可以编造内容，包括文字和图像，但需要确保它们看起来尽可能真实。例如，使用一个免费图像存储网站上的真实人物照片，而不是卡通或剪影的表现形式。
（20 分钟）

5 将样式、颜色和内容应用于所有 3 个线框中，在 Sketch 或其他图形工具中创建自己的实体模型。从一个屏幕开始，变换样式和颜色，直到对结果满意为止。接下来再开始处理另外两个屏幕。
（80 分钟）

6 试用你的实体模型。它们可用在设计点评（p.52）会议中介绍你的设计想法，或用于可用性测试（p.126）。如果在选择特定功能时遇到困难，你还可以制作两个替代版本并进行 A / B 测试（p.20），以查看哪个版本可获得更好的结果。

---

1 Helvetica，一种被广泛使用的西文字体，于 1957 年由瑞士字体设计师爱德华德·霍夫曼（Eduard Hoffmann）和马克斯·米耶丁格（Max Miedinger）设计。

·情绪板

收集视觉灵感

学术资源

Chang, H. M., Díaz, M., Català, A., Chen, W., & Rauterberg, M. (2014, June). Mood boards as a universal tool for investigating emotional experience. In International Conference of Design, User Experience, and Usability (pp. 220-231). Springer, Cham.

Lucero, A. (2012, June). Framing, aligning, paradoxing, abstracting, and directing: how design mood boards work. In Proceedings of the Designing Interactive Systems Conference (pp. 438-447). ACM.

McDonagh, D., & Storer, I. (2004). Mood boards as a design catalyst and resource: Researching an under-researched area. The Design Journal, 7(3), 16-31.

情绪板以一种开放性和启发性的方式，视觉化地表现设计的构思、概念和价值。设计情绪板没有特定的公式。然而，情绪板应该被精心设计以促进讨论并帮助产生想法。情绪板类似于拼贴画，包括来自杂志、摄影和其他视觉元素的图像，例如彩色纸、带纹理的、织物和任何其他易于附着在一个空白表面或板子上的物品。还可以创建数字化的情绪板，其中可能包括视频片段、网站截图以及各种图像等。

制作一个富有表达性和交流性的情绪板需要时间和深思。在开始收集组成情绪板的图像和物品之前，最好在团队中讨论一下你的产品或服务应该代表的品质和价值。使用其他工具，例如头脑风暴或思维导图，有助于初步阐明这些概念。一旦就这些基本要点达成协议，我们便可以继续搜索图像。在收集图像并组成一个情绪板时，可能会出现新的想法。

情绪板以启发性和暗示性方式展示想法，以鼓励讨论和想法的产生。当用于定义一个特定的视觉样式时，这些工具有助于为利益相关者和设计师提供参考。为了传达创作背后的意义，你应该依靠口头表述而不是书面表达，因为使用特定的注释和书面说明可能会限制开放性。对于最终的产品而言，在抽象和具体灵感之间保持良好的平衡是可取的（Lucero，2012）。

练习

需要准备2人，旧杂志或报纸、彩色纸、不同纹理的工艺材料、A3纸板、A3纸、剪刀、胶水、笔、笔记本

在这个练习中，你将制作一个情绪板来为一个设计项目提供视觉灵感。请关注你选择的一个设计问题，或者从 p.139 中选择一个设计概要。

1 与团队成员通过头脑风暴法来探讨可行的设计想法。讨论你想要获得的体验。通过关键词把这种体验的价值和核心品质记录在笔记本中。选择一个要关注的想法，并想出一个醒目的标题来描述它。

例如，"车轮上的办公室"：价值观 / 品质 = 便利、熟悉、舒适。

例如，"30 秒购物之旅"：价值观 / 品质 = 速度、效率、活力。

例如，"婴儿博物馆"：价值观 / 品质 = 好奇心、鼓励、探索。

（15 分钟）

2 收集从杂志上剪下的图片，并从中受到启发。注意，不要去寻找一个特定的图片。将图片视为表达你的想法的隐喻、经验、视觉方面和材料品质的方法。与团队成员讨论每张图片的关联性。

（100 分钟）

3 在 A3 纸板上排列图片。一旦对构成的效果感到满意，就用胶水把它们粘起来。可以多制作几个情绪板——记录设计理念的不同方面。

例如，视觉方面：它看起来像什么?

例如，经验方面：参与其中是什么感觉?

（15 分钟）

4 将情绪板呈现给其他团队。

· 对于提出想法的团队：提及你的想法和启发你最终作品的关键词，以及任何隐喻或做出的选择。记下收到的反馈。

· 对于在演讲结束后提供反馈的团队：从利益相关者的角度出发，询问有关情绪板的问题。强调它的积极方面，提出修改意见和可行的改进方案。

· 在讨论后切换角色。

（每个团队 5 分钟）

·在线人种志

收集在线社区的见解

学术资源

Campbell, E., & Lassiter, L. E. (2014). Doing ethnography today: Theories, methods, exercises. New York, NY: John Wiley & Sons.

Postill, J., & Pink, S. (2012). Social media ethnography: The digital researcher in a messy web. Media International Australia, 145(1), 123-134.

人种志研究需要使用定性方法来收集有关一个目标受众的数据。传统的人种志研究包括使研究人员成为社区的一部分，并通过公开或秘密地观察和互动来收集田野数据。进行一项人种志研究的优势在于所收集数据的丰富性，这些数据可以提供单独通过其他方法（如访谈 p.78）无法收集到的见解。

在线人种志将相同的原理应用到对人及其在线互动的研究中。因此，它特别适合研究在线活动的用户群。任何允许人们发布内容并且可以公开访问的在线平台都可以使用。有用的平台包括社交网站（例如 Twitter）、在线论坛（例如 TripAdvisor）或带有评论部分的在线新闻文章。与传统的人种志类似，研究人员既可以被动地观察和收集在线发布的数据，也可以成为在线社区的一个活跃成员，发布内容并与其他成员互动。考虑道德和隐私方面的影响很重要，因为在线人种志的参与者并不总是知道他们的参与情况。如有可能，应征得他们的同意。

可以通过在线阅读社区的帖子或使用平台的应用编程接口访问和汇总内容来收集文本、图片、视频和其他内容。有关人们行为、互动和观点的观察结果可以记录在笔记中。随后可以通过使用亲和图（p.22）将数据归纳为主要主题。潜在的研究偏差可以通过让合作伙伴参与对研究结果的解释来解决。

练习

在这个练习中，你将使用相关的在线平台进行在线人种志研究。使用模板（p.180）来收集笔记。请关注你所选择的一个问题，或遵循设计太空旅行的设计概要（p.141）。

1 当进行在线人种志研究时，请选择关注一个在线平台。你可能需要做一些初步研究来找出潜在用户活跃在哪些平台上。你需要确定并熟悉这个平台。
例如，你可以为设计太空旅行的设计概要选择 TripAdvisor。
（5—10 分钟）

2 为你的人种志方法确定一套特定的标准。例如，如果选择了 TripAdvisor，你可能会考虑过去两个月内针对一家特定航空公司发布的所有评论。或者，你可以过滤结果而将注意力集中在居住于澳大利亚悉尼的居民，而这些人访问了至少 100 个城市。
（5—10 分钟）

3 阅读在线平台上发布的条目，并在模板（p.180）中记录观察结果。这是你的笔记的开始。笔记应包含各种不同的观察结果，例如：
记录人们所说的话。
不同用户的态度。
讨论中经常出现的共同主题。
发布不同条目的人员之间的社交。
（30—60 分钟）

4 通过创建一张亲和图（p.22）或使用主题分析方法（p.122）来分析你的笔记。你可能想通过研究其他在线人种志或通过在另一个平台上观察人们的行为来进行比较，从而获得特别有趣的见解。

· 知觉图

赢得当前的市场格局

学术资源

Ferrell, O., & Hartline, M. (2013). Marketing Strategy, Text and Cases: Cengage Learning.

Gelici-Zeko, M. M., Lutters, D., Klooster, R. T., & Weijzen, P. L. G. (2013). Studying the influence of packaging design on consumer perceptions (of dairy products) using categorizing and perceptual mapping. Packaging Technology and Science, 26(4), 215-228, John Wiley & Sons.

知觉图是人们如何主观地感知市场上的产品或消费品牌的图形化表现形式。产品或品牌是根据与客户相关的属性（例如质量或价格）进行定位或映射的。属性的性质是由所要迎合的特定市场决定的。例如，诸如舒适性和安全性之类的属性可能是与运输相关的产品的基础，而电池寿命、存储容量和便携性可能更适合数字化消费产品。属性也可以指代产品或品牌所代表的价值观。这些属性用相反的形容词来表达，如"家庭友好型"与"成人型""简单型"与"老练型"等。

在建立一个知觉图之前，识别潜在的竞争对手很重要。完成这一步骤之后，将会从潜在客户那里收集有关他们如何看待竞争对手品牌或产品的数据。例如，调查包括不平衡的李克特量表（Likert scales）[1]或语义差异量表，有助于评估每个品牌所代表的属性是如何被感知的。在将数据制成表格并对每个品牌进行评级之后，选择两个相关属性的组。然后，将客户的知觉映射到一个四象限图上，该图说明所选的属性，这些属性表示为相反的对立面。

在发现阶段，知觉图对于识别商机、趋势和设计机会很有用。同时，考虑到品牌认知度会随着时间的推移而变化这一点很重要。因此，在创建知觉图时，应将其视为市场格局的快照。

---

1 李克特量表（Likert scales），一种心理反应量表，由美国社会心理学家李克特于 1932 年在原有的总加量表基础上改进而成。

练习

需要准备笔，1个合作伙伴、至少 10 人

在这个练习中，你将收集有关用户对不同产品或品牌的看法的数据。然后，使用提供的模板（p.181）来创建一个具有两个关键维度的基本的知觉图。

1 确定与所选择的设计问题相关的市场竞争对手，或使用问卷模板（p.181）中提供的竞争对手样本。
（5 分钟）

2 生成一份人们可能感兴趣的属性列表。这些属性应该与你正在研究的市场类型相一致，并与用户相关。通过配对相反的属性，在问卷模板上填写每个语义差异量表。
例如，"便宜"与"昂贵"。
（10 分钟）

3 使用准备好的问卷模板的副本来收集数据。请 10 位参与者中的每一个人根据他们的知觉对每个产品或品牌进行评分。
（20 分钟）

4 查看结果，列出并计算每个品牌或产品针对每个属性而获得的平均得分。
（10 分钟）

5 使用网格模板（p.181）来映射每个品牌的位置。为每个轴选择一个特定的属性。网格的中心（0,0）对应一个中性点。
例如，在水平轴上的低质量与高质量，在垂直轴上的低价格与高价格。
（5 分钟）

6 将每个产品或品牌名称放在网格上，可以包括图像（如果可用）或绘制标志/产品。你可以使用剩余数据重复步骤4—6，以比较不同的属性组合。
（5 分钟）

7 确定网格中哪些区域是填满的，哪些区域是空的。与合作伙伴讨论。
・可能的商机或设计机会。
・你能想到品牌为什么没有占据空白的原因吗？
・如果你选择的属性极化程度较低，知觉图将如何变化？
（5 分钟）

基于人物角色的演练

通过用户的角度看设计

学术资源

Pruitt, J., & Adlin, T. (2005). The persona lifecycle: keeping people in mind throughout product design. San Francisco, CA: Morgan Kaufmann Publishers.

Nielsen, L. (2003). A Model for Personas and Scenarios Creation. In Proceedings of the Third Danish Human-Computer Interaction Research Symposium (pp. 71-74). Roskilde, Denmark.

"人物角色是静态的，但是当插到情景的动作中时，它就变为了动态。在这种情景下，人物角色将在一个特定情况下具有一个特定的目标。"（Nielsen，2003，p.72）

如果人物角色（p.100）是能够代表用户的角色，则基于人物角色的演练就是将人物角色带到生活的舞台上和故事中。基于人物角色的演练为这些角色提供了一些观察机会。我们制定一个人物角色并在特定的任务或情景中"行走"，通过他们的眼睛看到设计。因此，我们通过使用他们的导航应用程序而成为微型出租车司机，在一辆公交车上使用 iPhone 手机玩一款游戏的通勤者，或是一名使用专业工具或软件的飞行员。我们可以从最终将会使用它们的人的角度来评估设计。

演练起源于一种评估"随走随用"的可学习性系统的方法，例如自动取款机。作为一种工具，当可能无法包含真实用户时，演练则可以代表最终用户。尽管它们有助于评估，但基于人物角色的演练可以满足更广泛的需求。例如，当设计一个家庭安全系统时，人物角色可能会被用来代表不同的房主，甚至可能是一个窃贼。在开始设计阶段之前，可以使用一场演练来评估现有的安全系统。如果车主不小心关掉了警报，那么解除警报有多容易？要制服窃贼有多难？情景的类型和如何在情景中应用人物角色取决于设计过程阶段，以及需要解决哪些问题。

练习

在这个练习中，你将使用基于人物角色的演练来评估现有的一个产品或服务。你可以选择曾经为自己的项目创建的一个人物角色，或者选择随附网站的参考资源中提供的人物角色之一。

1 选择要评估的一个产品或服务。它应该是：
- 可访问。例如，手机应用程序、网站、自助结账。
- 可观察。可见、可观察。
- 切合实际。人物角色和情景的组合必须真实，并与设计目标相关。你不能以一个从不玩电子游戏的人物角色来测试一个第一人称射击游戏。

2 为你和你的合作伙伴分配角色——演员和评估者：
- 演员。将扮演人物角色并进行演练的人。
- 评估者。将观察基于人物角色进行演练的人。

3 评估者为人物角色选择一个任务进行演练。这项任务应该有一个明确的目标，例如，"预订电影票""玩一个游戏""搜索图书馆里的一本书"。
（5分钟）

4 演员进入人物角色并执行由评估者设置的任务。在执行任务时，演员可以选择不假思索地说话或表达人物角色的感受和关注。
（15分钟）

5 评估者应该观察人物角色的演练并做笔记。确定任务中不稳定的环节、特别困难的部分，或者确定演员走神之时。

6 记录并一起讨论你的发现。
例如，像其他人那样完成这项任务感觉如何？评估者注意到了什么？哪些问题导致困难？哪些新的设计特性可以解决所观察到的问题？
（5分钟）

7 根据从基于人物角色的演练中的发现，记录你要对设计进行的更改。
（5分钟）

·人物角色

通过讲故事为用户建模

学术资源

Goodwin, K. (2009). Chapter 11:
Personas. In Designing for the
Digital Age: How to create human-
centred products and services
(pp.230-297). Indianapolis, IN:
Wiley Publishing.

Cooper, A. (2004). The inmates are
running the asylum:[Why high-tech
products drive us crazy and how
to restore the sanity]. Indianapolis,
USA: Sams.

Courage, C., & Baxter, K.
(2005). Understanding your
users: A practical guide to user
requirements methods, tools and
techniques. San Francisco: Morgan
Kaufmann Publishers

人物角色是虚构的角色，用于代表典型的用户、客户或其他利益相关者。它们是根据通过访谈（p.78）和调查问卷（p.102）等方法收集的真实人物的数据综合而成的。人物角色可以从我们的原始用户数据中提取与设计问题最相关的信息，从而避免可能会引起误解的特殊信息。

讲故事用于将人们的目标、动机、态度和行为串联成一个统一的角色。一个名为亚历克斯（Alex）的角色，现年 23 岁，在书店工作，使用 MacBook Pro，不信任在网上购买衣服，他比抽象且普通的用户更为具体。这种个人品质使我们能够在社交和情感上满足用户的需求，并将他们的声音纳入设计过程的所有阶段。包含一个非人物角色也很有价值——它代表了一个不参与所设计的产品或服务的用户。

与真实的用户不同，人物角色更能容忍早期粗糙的草图和冗长的设计会议。它们可以用于在设计团队中传达用户的需求，在进行可用性测试之前对设计问题进行故障排除（p.126），并防止基于我们自己的偏好和偏见制定设计决策。

人物角色是通过收集数据、创建变量，在这些变量中找到模式并以一个或多个视觉上具有吸引力的人工制品的形式表达出来而创建的。一个人物角色应该传达动机、挫败感、态度、目标、行为和人口统计信息。尽管人物角色可能包含虚构的信息，例如姓名和个人资料照片，但这不是一个创造性的文章。一个伟大的故事如果不能表达用户的需求，它就失败了。

练习

在这个练习中，你将使用访谈数据来创建一个人物角色。识别数据中的变量，并在受访者中寻找模式。请使用人物角色创建模板（p.182—183）。如果你没有自己的数据，请使用随附网站上提供的采访记录。

1 通读访谈数据并确定重要的变量，并将它们添加到变量表中（p.182）。变量可以是关于行为的、态度的或人口统计的。要查找的一些示例变量包括：

- 人口统计数据。例如年龄、性别、受抚养人、婚姻状况、工作类型等。
- 行为变量。例如频率、成本敏感性、技术精湛度等。
- 态度变量。例如喜欢/不喜欢、信任/不信任、情感依恋/去依恋等。

（20分钟）

2 通过在访谈数据中的所有变量中查找模式或群组，来综合数据中的模式。这将在多个具有其他特征的人身上表现出相似的行为。

例如，一个学习应用程序的访谈数据可能会显示，提前计划工作的学生往往比那些在最后一刻死记硬背的学生年龄大。

（15分钟）

3 通过合并数据中的模式来形成一个单一却连贯的人物角色。你可能已经发现"临时抱佛脚"的人更有可能使用安卓系统并从事一份兼职工作。通过讲故事的方式使人物角色可信并引人入胜，同时，提供一个名字和背景故事。使用人物角色创建模板（p.182）来记录人物角色。

（20分钟）

4 查看并完善。通过从其他人那里获取反馈并检查访谈数据来查看人物角色。思考以下问题：

- 人物角色的真实性、说服力和连贯性如何？
- 目标是否针对设计问题？

（10分钟）

5 使用人物角色。通过头脑风暴来帮助该人物角色实现其目标，为该人物角色创建一个情境（p.110）或使用基于人物角色的演练（p.98）来评估原型或产品。

·调查问卷

收集大量用户数据

学术资源

Ballinger, C., & Davey, C. (1998). Designing a questionnaire: an overview. British Journal of Occupational Therapy, 61(12), 547-550.

Boynton, P. M., & Greenhalgh, T. (2004). Hands-on guide to questionnaire research selecting, designing, and developing your questionnaire. British Medical Journal 328, 1312-1315.

Colosi, L. (2006). Designing an effective questionnaire. Research brief available online at: http://www.human.cornell.edu/pam/outreach/parenting/parents/upload/Designing-20an-20Effective-20Questionnaire.pdf

调查问卷以书面的形式收集信息，并且可以通过纸质或数字化方式进行交流。调查问卷是一种收集大量数据的低成本方法，无须训练有素的协助者或实验室设备。调查问卷通常用于早期的用户研究，以及收集人们对现有产品或服务的当前体验的反馈。调查问卷中可以包含一份同意书，以便获得从受访者那里收集数据的许可。

一份好的调查问卷可以使设计师深入了解一个人的自我举止、态度或观点。要做到这一点，重要的是事先确定明确的研究问题，并指定可以回答这些问题的数据类型。同样重要的是，在分发调查问卷之前，设计一个如何分析通过调查问卷收集到的数据的计划。

较长的调查问卷不太可能由参与者完成，并且很可能产生不太有价值的数据。因此，重要的是要仔细选择每个问题，记住问题要衡量的是什么，以及所创建的知识如何为设计项目做出贡献。任何不符合某一目的的问题都应排除在调查问卷之外。应避免模棱两可的问题，因为这些问题与调查问卷的目标没有一个明确的联系。每个问题应该仅包含一个主题，并且不应引导受访者以某种方式进行回答。

为了确保调查问卷收集到一致且可靠的答复，可以进行"测试—再测试"，即要求一个有代表性的受访者再一次填写相同的调查问卷。调查问卷设计完成后，建议与少数几个受访者一起进行一次初步试验，以便测试调查问卷的清晰度。

练习

在这个练习中，你将学习设计一份调查问卷的基本步骤，该调查问卷用于收集一个产品的用户体验的反馈。如果没有一个处于考虑之中的产品，可以在智能手机上选择一个应用程序来进行这个练习。

1 确定调查问卷的目标。
例如，找出人们使用某个特定智能手机应用程序的频率，以及在什么情况下使用。

2 考虑需要什么样的参与者。考虑如何将调查问卷分发给这些人。在某些情况下，最好使用纸质版本，而在其他情况下，可能更适合采用一份在线调查问卷。
（5分钟）

3 确定一组相关的问题来实现目标。为了确保收集到正确的数据，最好从标准化的问题入手。这些可以在研究数据库中找到，例如 www.allaboutux.org。
例如，为了检查过去使用类似产品的经验是否会影响当前的体验，请询问受访者是否曾经使用过一个类似的产品。
（20—30分钟）

4 选择问题类型，并按照有意义的顺序排列问题：
· 人口统计。有助于对数据进行分类的相关个人详细信息。例如，年龄、性别、职业等。
· 开放式。用于探索性目的时，有关某个主题的可用数据不足以提出问题。例如，设置产品时遇到的主要问题是什么？
· 封闭式。当有关于该主题的现有知识时，可使用多种选择。例如，你在过去3个月内是否使用过该产品？是/否。
· 李克特量表（Likert scales）。以增量计量的量表，范围通常在1—5、7或9之间。例如，不同意或同意的程度、频率（从不—总是）、态度（不喜欢—喜欢）等。
（20—30分钟）

5 对调查问卷进行初步试验，以确保参与者对问题的理解是一致的。如有必要，通过重新措辞来消除任何剩余的歧义。
（15分钟）

· 重新架构

从另一个角度看问题

学术资源

Dorst, K. (2015). Frame Innovation: Create New Thinking by Design. Cambridge, MA: MIT Press.

Seelig, T. L. (2012). inGenius: A Crash Course on Creativity. San Francisco, CA: Harpe One.

当着手进行一个设计项目时，我们通常想要解决一个特定的挑战，或是在一个问题领域内提出一个具有创新性的新想法。脑海中出现的第一个解决方案很容易但很危险。重新架构是一种学习从不同角度看待一个问题的方法，从而发现更广泛的潜在解决方案。

当我们定义一个问题时，我们会自动地限制自己——仅通过我们选择的语汇。一个表述不当的问题陈述可以通过包含关于需要什么样的解决方案的假设，而使我们的视野变得狭隘。因此，我们甚至在开始之前就已经限制了自己的创造力，缩小了我们的选择范围，并否定了自我创新的可能性。

例如，如果设计概要是"设计一扇新的门"，使用"门"一词则意味着我们可能会坚持使用现有的解决方案，它将是一块坚固的材料面板，可能会连接到铰链或滑块上……也许这扇新门会有一些创新功能，但最有可能的是在已经存在的范围内。但是，如果要求我们设计"一种阻止人们进入房间的方法"或"一种防止冷空气进入房子的方法"，那么可能的解决方案范围会突然扩大，这就是重新架构的基本原理。

重新架构技术专注于改变我们最初陈述问题的阐述方式，使其更广泛并且更抽象。当着手进行一个设计项目时，重要的是首先对问题提出疑问，然后再寻找一个解决方案。

练习

在这个练习中，你将通过逐步将一个现有的设计问题重新表述为一个更广泛、更抽象的语句来将其重新架构。没有唯一一个答案。你可以多次重复此过程以便得到各种变化形式。请使用提供的模板（p.184）。

1 用一句话描述你正在设计的产品或服务。请尝试包括以下 3 点：
- 一个用户。将要使用它的一个人或一群人。
- 一个背景。发生的地点。
- 一个目标。应该做什么。

例如，如果我们设计一场马戏团表演，我们可以将这个马戏团描述为：马戏团是一种廉价的巡回演出，用来娱乐儿童（Seelig，2012）。

（5 分钟）

2 第一个描述通常包含很多假设。通过更改与人物、背景和目标相关的关键词，来改变框架。在可能的情况下，使它们变得不那么具体并且更抽象。

例如，改变用户：马戏团是一种廉价的巡回演出，旨在娱乐所有人。

例如，改变背景：马戏团是一种使所有人开心的体验。

例如，改变目标：马戏团是一种让所有人着迷并沉浸其中的体验。

（10 分钟）

3 为了完善陈述，请寻找潜在的目标。问问自己为什么人们使用你的产品、服务或系统，并尝试简要地总结原因。

例如，人们去马戏团是为了跳出平凡的生活，并通过一段共同的经历和在一起的时间与亲朋好友建立联系。

（10 分钟）

4 尝试对问题陈述重新措辞以此来包括这些潜在目标。如果是以一个名词开始，就去掉最初的这个名词。

例如，设计一种体验，让所有看到它的人着迷并沉浸其中，并帮助他们从共度的时光中走出平凡的生活。

（5 分钟）

5 利用新问题陈述，并通过一些方法来产生想法，例如脑力书写 6–3–5 法（p.28）或体力激荡（p.26）。

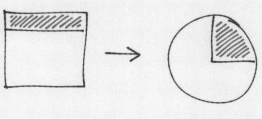

SOCIAL ATMOSPHERE

YOUNG PEOPLE ARE HIGHLY INFLUENCED BY THEIR PEERS, THEY SEEK OUT COMMUNITY GRASSROOTS EVENTS WHERE THEY SHARE A COMMON INTEREST.

NEW EXPERIENCES

DISCOVERING NEW EXPERIENCES MOTIVATES YOUNG PEOPLES TO IMMERSE THEMSELVES IN A SUBJECT.

Young people will seek out unique and unexpected experiences that are culturally relevant to them, finding inspiration and entertainment in the process. The excitement of discovering something new motivates

love finding new music, the whole discovery process. I just need to find
tickles my fancy 99

annoying! 99

ADDING CONTEXT

PROVIDING ADDITIONAL LAYERS OF

· 可视化研究

将你的研究挂在墙上最显眼的地方

学术资源

Stappers, P. J., van der Lugt, R., Sleeswijk Visser, F., & van der Lelie, C. (n.d.). RichViz! Inspiring Design Teams with Rich Visualisations.

Abram, S., Popin, S., & Mediati, B. (2016, May). Current States: Mapping Relational Geographies in Service Design. In Service Design Geographies. Proceedings of the ServDes. 2016 Conference (No. 125, pp. 586-594). Linköping University Electronic Press.

设计研究的目的是通过数据获得有价值的见解。通过分析和综合这些数据，我们能够得出确认、告知和启发的信息。这些见解有助于我们带着理解用户需求的信心推进一个设计项目。以每个人都易于理解的方式来获取研究见解很重要，这通常是通过生成一份研究报告来完成的。然而，从一份冗长的报告中快速获得设计研究结果可能是很困难的。

可视化研究可以获取一个研究过程中最相关的结果，并以一种显著且直观的方式显示出来。通常采用大幅面海报的形式，并且将其挂在墙上作为参考。他们在设计团队中建立了持续的参与度，并确保研究贯穿于整个设计过程。可视化研究的目的是传递原始研究的启发性品质、对主要问题的理解以及与目标受众的共情。

可视化研究经常使用信息图表和其他视觉传达技术的原理，并应用不同的框架来呈现信息。常见的框架包括概念图、角色以及时间或空间模型。与任何信息图表一样，最合适的框架和格式取决于所传达信息的类型。虽然没有硬性规定，但是有许多最佳的实践指南。进行一项良好的可视化研究本身就是一个创新过程。创建可视化研究的记录技术包括"丰富可视化"（Stappers 等，未注明日期）和"当前状态图"（Abram 等，2016）。

RATIONAL
NING

TIVE LEARNING EXPE
D TO MAINTAIN INTE
CHALLENGING AN
OF LEARNING PR

ilability of the intern
dynamic learning
he learning proc
s need to be ch
and understand

练习

在这个练习中，你将使用一组数据作为启发来创建一个交流性的可视化研究。如果你没有自己的研究数据，请使用随附网站上博物馆游客体验的设计概要中的资源（p.142）。

1 选择你要交流研究的方向。从确定关键主题开始。选择重要的引文或见解来支持这些主题，并帮助读者理解用户及其状况。
（5 分钟）

2 选择一个可视化框架。寻找一个视觉化的隐喻来表达你的发现——这将构成可视化研究的基础。你也可以使用隐喻的组合。
例如，一个从早上到晚上或从星期一到星期五的时间轴。
例如，一个物理空间的图形，如一个地图或楼层平面图。
例如，使用一个或多个角色进行表达，可以通过在主题之间画线来显示关系，或者在页面上提供其他合适的划分来显示——可能性是无止境的。
（10 分钟）

3 从绘制最重要的元素开始。当读者从远处看海报时，他们首先看到的是什么？最显著的视觉元素也应该提供最重要的信息。包括一个吸引人的标题和摘要。
（10 分钟）

4 专注于添加不同的主题。思考一下，当参观者花了较长时间观察海报后应该看到什么。重要主题应该凸显出来。对于你想要传达的每一条重要信息，至少要有一条应该在视觉效果上得到相关支持。
（10 分钟）

5 通过添加详细信息来支持该信息。你可以添加详细的论点、支持性的引文和其他证据。应该尽可能表达用户的声音，以帮助人们与目标受众产生共情。广泛检查可视化研究效果能够让人们了解这些详细信息。
（20 分钟）

·角色扮演

探索用户的观点

学术资源

Brandt, E., & Grunnet, C. (2000, November). Evoking the future: Drama and props in user centered design. In Proceedings of Participatory Design Conference (PDC 2000) (pp. 11-20).

Svanaes, D., & Seland, G. (2004, April). Putting the users center stage: role playing and low-fi prototyping enable end users to design mobile systems. In Proceedings of the SIGCHI conference on Human factors in computing systems (pp. 479-486). ACM.

角色扮演用于评估一个现有的设计，或以一个原型来表示设计概念。以戏剧中的角色扮演为基础，演员在戏剧中扮演一个特定角色，然后表演场景。在一个设计环境中，演员可以是设计团队或扩展项目团队的成员、潜在用户、其他利益相关者，甚至是受过训练的戏剧演员。他们需要站在一个角色的立场上，并从角色的角度出发表演场景，其中包括与现有设计或原型的互动。

角色是在分配给演员之前预先准备好的，并记录在角色卡上，其中包括角色的目标、动机、任务等。道具（请参阅体力激荡，p.26）或移情模型（p.56）套装可用于模仿角色体验的特定方面，例如患有关节炎或视力不佳。体验原型（p.58）非常适合表现角色扮演中使用的产品或其他对象。

通过将角色写在一张便利贴上并使用诸如"收银员"和"老年购物者"等简单的术语将其附加到演员身上，以此来形象地描绘角色。演员也可以扮演诸如一台电动汽车或一部智能手机之类的物品，并以此在一个用户与这些对象之间进行对话表演。这些角色应由设计团队的成员来担当。

角色扮演乍一看可能很傻，但它是一个非常有效的工具，可以快速获得早期设计概念的反馈，因为它揭示了一些可能被忽略或需要通过进一步的设计工作来解决的问题。

练习

在这个练习中，你将使用角色扮演来评估原型或现有产品，方法是为小组成员分配不同的角色并表演使用的场景。可以使用随附网站上现有的角色卡，或在随附的模板中创建自己的角色卡（p.185）。

1 给每个人一张角色卡，或针对你正在探索的原型或产品创建角色。如果没有自己的原型，请选择现有产品或情况：
例如，使用自动提款机提款。
例如，在医院候诊室候诊。
例如，参观一个主题公园。
在原型 / 产品场景中添加细节，使用便利贴或其他视觉提示来明确时间和地点。
（5分钟）

2 通过思考角色的需求和动机，使团队成员熟悉各自的角色描述。这是一个他们可以要求澄清的机会。
（5分钟）

3 指导每个小组成员从他们被指定的角色角度与产品或原型进行互动。他们应该：
· 浏览一个典型的使用场景中可能采取的所有步骤，可以是连续的、同时的或重叠的。
· 尝试探索该角色与产品之间所有最可能发生的事件。
· 当遇到其他角色或系统部件时可以即兴表演。
（15分钟）

4 让小组成员在互动时通过自言自语（p.124）的方式表达他们的想法和感受。记录有关他们的行为或言语的任何有趣观察。

5 当所有小组成员都完成后，请他们提供从各自扮演角色的角度收集的反馈。体验如何满足他们的需求，以及如何使他们感到满意或感到挫败。请注意设计的优点和缺点。
（5分钟）

6 使用反馈信息来列出针对设计的修改意见，使其更适合所选的用户角色。
（2分钟）

·情境

通过讲述故事来探索设计

学术资源

Rosson, M. B., & Carroll, J. M. (2009). Scenario based design. In Human-computer interaction: Development process (pp. 1032-1050)

Design Scenarios - Communicating the Small Steps in the User Experience, Interaction Design Foundation Website, [Link: https://www.interaction-design.org/literature/article/design-scenarios-communicating-the-small-steps-in-the-user-experience]
Design Scenarios - Communicating the Small Steps in the User Experience (2017, July 1). The Interaction Design Foundation. Retrieved from https://www.interaction-design.org/literature/article/design-scenarios-communicating-the-small-steps-in-the-user-experience

Brooks, K., & Quesenbery, W. (2011). Storytelling for User Experience. Rosenfeld Media.

情境——也被称为未来情境或用户故事，通过使用讲故事的方法将设计想法置于一个真实环境中，以此对设计想法进行探索，并将设计想法与将要使用产品或服务的人员联系起来。因此，情境关注的是人与产品或服务、他们的目标、环境与潜在的社会影响之间的关系。

情境可用于记录并交流想法和设计概念，而无须实际地表现它们。有时候，情境也用于描述人们当前如何使用一个现有产品或服务，以突出当前解决方案的问题。

一个典型的情境是一个虚构的短篇小说，讲述了主角执行某些任务并与一个所提出的设计概念进行互动的故事。角色代表用户以及使用产品相关的其他人。例如，一个情境可能涉及一个移动应用程序的主要用户在捕获一张图片时所采取的步骤，并扩展为包括该图片如何与社交网络共享，以及他们的社会交往因此受到影响的方式。情境的一种简化形式是使用以下结构来记录交互："作为一个——（角色），我想要——（某种东西），以便——（收益）。"

创建情境通常遵循一种构思方法，例如头脑风暴，并且依赖于所收集的有关设计概念的预期用户的预定信息，例如，以人物角色（p.100）的形式。

练习

需要准备 笔、纸

在这个练习中，你将编写一个情境，在此情境中一个特定的用户与一个特定的产品或服务进行交互。理想情况下，以你生成的新的概念作为尝试。可以使用提供的模板（p.186）作为指导。

1 如果没有了设计概念和所要表现的用户，例如一个人物角色（p.100）或极端的角色（p.62），可以从随附网站上的参考资源中选择。
（5分钟）

2 讨论情境中的用户。他们是谁？他们关心什么？为什么他们需要使用你中意的产品？
（5分钟）

3 如果为一个现有产品创建一个情境，请列出一份该产品可能不适用于该用户的原因列表。如果你正在为一项新设计创建一个情境，列出一份需要展示的设计特性列表。这些列表应包含需要包含在情境中的详细信息。
（5分钟）

4 使用工作模板起草关于情境的主要叙述，应在故事中涵盖以下详细信息：
· 设置场景。所使用的环境是什么？例如，"那是星期五下午5∶00……"
· 介绍角色。是什么促使他们使用该产品？
· 他们将采取什么行动来实现自己的目标？想想重要的步骤。
· 一路上他们是否与其他人互动？请添加相关的角色。
· 故事如何结束？
（10分钟）

5 完成情境设计，选择一个标题并写下描述内容。
（10分钟）

6 从情境中找出关于设计概念的3个关键品质。你可以通过创建一个故事板（p.120）进一步视觉化地展现情境。
（5分钟）

·服务蓝图

记录可见和不可见的

学术资源

Stickdorn, M., Schneider, J., Andrews, K., & Lawrence, A. (2011). This is service design thinking: Basics, tools, cases. Hoboken, NJ: Wiley.

Shostack, G. L (1982) How to Design a Service. European Journal of Marketing, Vol. 16 Issue: 1, pp.49-63

当参与一项服务时，我们只能看到"舞台上"正在发生的部分。进入一家咖啡馆，我们可能会选择一份松饼，付钱给收银员，然后一边看报纸一边享用美食。但是，即使像这样一个简单的服务也是由可见和不可见的部件组成的。很多事情都需要"后台"来完成——松饼烘烤后被传递出来，电子支付系统传输支付信息，并且咖啡馆每天都会贮存一些报纸。

服务蓝图标绘出了所有这些不同的元素，以便形成关于整个系统的一张图片。这有助于使其更易于理解，并确定优势和劣势。服务蓝图类似于流程图，其中的水平维度显示了时间进度，并且步骤之间的连接由箭头表示。页面中间的一行称为可见线，它帮助用户指出明显的内容和隐藏的内容。线上方的所有内容均为"舞台上"，线下方的所有内容均为"后台"。

揭示这种复杂性使我们能够详细了解一种体验，以帮助我们改进或设计新的服务。该技术可用于开发早期阶段的想法或测试当前和建议的解决方案。通过绘制用户在更大系统中的角色图表，设计人员可以描述和理解每个单独组件的连接方式。在服务蓝图的高级版本中，系统的每个元素使用不同的形状代码以帮助指示不同种类的活动。

练习

在这个练习中，你需要把一个系统中的所有步骤绘制到一张服务蓝图上。请使用随附网站上的模板作为支持。

1 选择一项服务来进行绘制，或专注于乘坐一趟火车的体验。
（3 分钟）

2 写下用户所体验到的服务的 5 个关键步骤。将它们写在模板上的 5 个编号框中。
例如，火车旅行的第一阶段可能是计划行程。
（10 分钟）

3 对于每一个步骤，请尝试确定至少一个发生在幕后的相应步骤。这些操作是必需的，但用户不会看到它们。将这些操作写在可见线下方的框中。
例如，用户为了计划行程，需要从数据库中检索最新的时刻表信息。
（10 分钟）

4 确定其他相应的步骤。有时候，在可见线下方可能会发生多种情况，以促进单个用户的操作。请添加尽可能多的框来表示这些情况。
例如，用一块标牌和广播通告来指示正确的列车站台。
（5 分钟）

5 按时间顺序连接各个步骤，以此来显示通过系统的信息流。箭头可以越过可见线并再次返回。
（5 分钟）

6 添加故障点（用一个字母 F 圈出），并用这些点来引入经验的另一个版本。试着思考系统可能会发生故障的不同逻辑方式。
（5 分钟）

7 使用一张新的蓝图来重新设计服务，并与一个合作伙伴就该蓝图进行讨论。系统在哪里容易发生故障？哪些部分看起来像是被许多箭头盘绕着？当用户处于等待状态时，幕后有很多事情发生吗？当设计一个新改进的服务时，请考虑这些问题。
（30 分钟）

·科幻小说原型

用未来改善现在

学术资源

Dourish, P., & Bell, G. (2014). Resistance is futile: reading science fiction alongside ubiquitous computing. Personal and Ubiquitous Computing, 18(4), 769-778.

Johnson, B. D. (2011). Science fiction prototyping: Designing the future with science fiction. Synthesis Lectures on Computer Science, 3(1), 1-190.

Shedroff, N., & Noessel, C. (2012). Make It So: Interaction Design Lessons from Science Fiction. Brooklyn, New York, USA: Rosenfeld Media.

科幻小说原型是放置在遥远未来的故事。它们允许对情景进行虚构式探索，在这些场景中，人们与设想的产品或服务进行交互。故事的叙述基于真实的科学原理和技术，却在一个不受限制的环境中对科学原理和技术的用法进行探索。故事遵循一个固定的结构，其中包括角色确定、科学原理或技术等。至关重要的是，故事应该包括一个可能导致灾难的转折点，以及对此的探索和角色如何从灾难中恢复或战胜这场灾难。

对一个故事的叙述一旦开发出来，它就变成了一个关于表现未来如何使用一个设想的产品或服务的原型。这通常是一篇散文、一幅漫画或一部电影。然而，在设计过程中，即使是叙述的框架也可以成为有用的人工产物。

然后，可以使用科幻小说原型来反思它的哪些元素可以被重新带回到当前的设计中。这个方法可以用于推测性原型设计和构思，即通过使用科幻小说原型中的元素来贯穿于一个解决方案的设计中。

科技公司使用科幻小说原型作为一种方法来探索他们的技术如何在未来的情景中使用。例如，英特尔公司使用这种方法来确定未来人们将如何与基于半导体的产品进行交互，从而帮助他们确定开发新的半导体技术的必备条件。科幻小说原型对于在设计团队中交流推测性的想法和情景也很有意义。

练习

需要准备笔、纸

在这个练习中，你将使用 5 个步骤模板（p.187）来开发一个叙事的科幻小说原型。关注你的设计问题，或选择自动驾驶汽车的设计概要（p.140）。

1 根据选择的设计概要，选择一个科学原理或技术，并围绕它建立一个虚构的世界。对这个科学原理或技术进行概念解释，并阐述它如何融入你正在创建的虚构世界中。发展故事中的角色和行动将要发生的地点。使用笔记或归纳要点在模板中记录想法。
（10 分钟）

2 在故事的叙述中引入科学原理或技术。这个步骤被称为科学的拐点。同样，使用笔记或归纳要点的形式对此进行探索。
（5 分钟）

3 探索选择的科学原理或技术对你创建的虚构世界有何影响？它对人们生活的影响是好是坏？是否存在导致一场灾难的可能，甚至是世界末日？这个步骤被称为科学原理或技术对人类产生的影响。
（10 分钟）

4 随着科学原理或技术正在成为未来情景的一部分，请描述接下来会发生什么。如果发生一场灾难，如何才能修复它来拯救世界呢？是否需要改进科学原理或技术？这个步骤被称为人类的拐点。
（10 分钟）

5 如果时间充裕，可以把大纲发展成一个完整的科幻小说故事。否则，请在步骤 6 中使用大纲进行构思。

6 思考一下从创建的科幻小说故事大纲中学到了什么。可能的影响、解决方案或经验教训是什么？在当前现实中可以将哪些方面考虑进来，并结合到一个设想的解决方案中，以处理你所选择的设计概要？
（10 分钟）

·草图

通过笔和纸进行沟通和思考

学术资源

Buxton, B. (2010). Sketching user experiences: Getting the design right and the right design. Morgan Kaufmann.

Schön, D. A. (1984). The architectural studio as an exemplar of education for reflection-in-action. Journal of Architectural Education, 38(1), 2-9.

草图是设计师用来视觉化地表现并描述物体外貌的工具，同时可以为一个产品或服务构思一个想法。绘制草图具有一系列优点。绘制草图成本低且可快速实现，因此，也便于处理和替换。正因为如此，在不需要牺牲宝贵资源（如时间或昂贵的材料）的情况下，可以清晰地表达出几个想法。与其试着用语言来表达想法，不如通过一张草图来快速地表现它们。通过将想法写在纸上，想法开始变得愈加清晰，从而促成了想法和草图之间的对话生成。绘制草图创建了一种"反馈交谈"的方式（Schön，1991），允许新的含义出现并通过进一步的素描来探索。因此，想法最终可能变得更加全面且富有创造性。

绘制草图只需要笔和纸。可以在协作的环境中使用草图来共同探索并勾勒出想法。草图还构成了其他设计方法的基础，例如涂鸦笔记（p.118）和故事板（p.120）。尽管草图的灵活性促使它们被用于设计过程的不同阶段，但其通常在想法生成的阶段更具相关性。

草图也是与利益相关者或同事交流想法的绝佳工具。对于未经设计或艺术培训的非专业人士来说，绘制草图和绘画的想法可能会让他们不知所措，但是可以通过使用简单的图形（例如基本形状和线条）来制作精美的草图。草图的有效性既不与它们的艺术价值相关，也不需要符合传统的"美"的观念。成功的草图有助于讨论、理解和点评。

练习

需要准备笔、纸

在这个练习中，你将熟悉绘制草图并创建自己的草图词汇表（Buxton，2010）。这些练习不需要任何绘画技巧，新手和专业设计师都可以使用。

1 使用提供的模板进行关于门的草图绘制（p.188）。这将有助于你快速且直观地进行草图绘制，而不被细节困扰。
（5分钟）

2 在房间中对周围的物品进行草图绘制。尝试将每个物品简化为其最小的、最简单的表达方式，即草图不需要是详细的插图。
例如，笔、纸、图书、笔记本电脑、订书机、杯子、桌子、椅子、鼠标、U盘、笔记本等。
（10分钟）

3 描绘情感。绘制不同的人和他们的面部表情，以此代表各种不同的情绪状态。例如，惊讶、烦恼、困惑、忙碌、与其他人愉快地聊天、享受惊喜的时刻、放松等。
（10分钟）

4 绘制执行不同任务的人。利用你刚刚练习过的情绪状态来描绘创造富有表现力的角色。
例如，在办公室里工作、看报纸、吃苹果、骑自行车、进行公开演讲、遛狗、吃寿司等。
（10分钟）

·涂鸦笔记

通过绘制草图记录过程

学术资源

Rohde, M. (2015). The Sketchbook Workbook. Peachpit Press.

涂鸦笔记是一种视觉化的笔记，作为一种流行的技术，涂鸦笔记可以通过结合草图和注释的插图来获取公开演讲或小组讨论的内容。在设计中，涂鸦笔记用于捕获当前的流程、制订一个计划、视觉化地表现一个设计想法，或在设计团队内部以及与利益相关者进行沟通。与草图（p.116）相似，涂鸦笔记也可以用于构思。为一个概念而创建一个想法的视觉注释可以反映这个概念的具体内容、价值和含义。与其他设计方法相比，涂鸦笔记的优点是能够使用视觉线索来访问一个想法的隐性方面，而不需要牺牲详细的内容。

涂鸦笔记将草图和注释合并在一起，以便进一步强调所讨论内容的含义，或者为现有的想法提供一种视觉层次。与思维导图（p.88）不同，涂鸦笔记是不言自明的，并且易于理解，因为它是用作传达信息的一种方式。重要的是在创建涂鸦笔记时要牢记沟通这一方面，并在可能的情况下通过与其他团队成员进行讨论来对其进行评估。

除了文本和实际绘图外，涂鸦笔记还使用特定的视觉词汇表和元素，例如符号、箭头、框和不同的版式设计。这些图形元素是有用的起点，但它们并不限制涂鸦笔记的视觉样式。与其他草图绘制技术相比，涂鸦笔记的障碍要小一些，因为它可以使你熟悉组织内容的常用方法，例如记笔记或创建列表。

练习

需要准备 1 个合作伙伴，普通笔、纸、彩色铅笔、荧光笔

在这个练习中，你将通过以草图做笔记的形式描述一个过程来练习涂鸦笔记。例如，描述烹饪你喜欢的食物的步骤，解释你如何为出国旅行做准备或记录早晨的日常生活。

1 列出进行所选活动需要的合乎逻辑的步骤。记下每个步骤，尝试描述得尽可能详细。
（5 分钟）

2 反思信息，并用荧光笔标记出文本中似乎更相关的部分。考虑一下受众以及简洁地传达信息的方式。
（2 分钟）

3 考虑最合乎逻辑的视觉组织。从左到右，从上到下，还是从中心到两侧？思考一下其他更有表现力的组织内容的方式。请记住，清晰度是关键。

4 花点时间把标题写得详细些。请注意正在使用的版式以及文本中字号的大小和位置等方面。
（2 分钟）

5 通过使用草图、符号和注释开始进行涂鸦笔记，并描述过程。利用可视化工具的表现力来说明设计过程中那些无法用文字简单描述的方面。
例如，烹饪时需要一种特殊类型的平底锅。很难用文字来解释平底锅的外观，但是一个清晰的草图可以很容易地阐明所需。
（10 分钟）

6 从合作伙伴那里获得反馈，以此来评估涂鸦笔记是否有效地传达了这个过程。合作伙伴能够理解所描述的过程吗？哪些部分还不太清楚？哪些方面效果好？请提问题。
（5 分钟）

7 查看合作伙伴的涂鸦笔记，并用荧光笔标记出每种视觉解决方案的优点和缺点。
（5 分钟）

· 故事板

利用漫画的力量来解释概念

学术资源

Greenberg, S., Carpendale, S., Marquardt, N., & Buxton, B. (2011). Sketching user experiences: The workbook. Elsevier.

Truong, K. N., Hayes, G. R., & Abowd, G. D. (2006). Storyboarding: an empirical determination of best practices and effective guidelines. In Proceedings of the Designing Interactive systems (pp. 12-21). ACM.

Davidoff, S., Lee, M. K., Dey, A. K., & Zimmerman, J. (2007, September). Rapidly exploring application design through speed dating. In International Conference on Ubiquitous Computing (pp. 429-446). Springer Berlin Heidelberg.

设计中的故事板用于视觉化地探索人与产品或服务之间的交互。它们既可以表现一种现有情况，也可以传达一种设想情况。当描述现有情况时，故事应基于真实的数据，例如，通过与语境相关的观察（p.44）所收集的信息。现有情况下的故事板可以有效地突出当前所经历的问题。设想情况下的故事板可用于与其他团队成员或潜在用户评估早期概念，并与他人交流概念。

故事板可以是手绘的，也可以是采用电影制作和漫画技术而形成的数字合成插图。它们由按时间顺序水平或垂直排列的矩形框架组成，以此叙述一个故事。每一帧代表一个镜头，类似于电影中所使用的故事板。言语和想法的圆框用于表示对话和思维过程。为了使故事易于理解，板块数量应在3—6个之间。如果需要更多的板，则可以将它们包含在额外一个故事板内。板块中的细节用于将观众的注意力集中在情景的重要部分，例如与一个产品交互的某一个角色。位于每个板块上方或下方的描述用于解释板块中的场景。可以用一个时钟或一个日历来明确表示时间，也可以通过诸如日出或与语境相关的对话之类的隐式指示符来表示。

故事中的角色应基于用户的表现，例如以人物角色（p.100）或极端的角色（p.62）的形式。角色可以彼此互动，也可以通过探索产品或服务来表达情感和关系。

*FADES
TO
WHITE

练习

需要准备 纸、笔、彩
色铅笔

在这个练习中，你将创建一个故事板来记录一个现有情况或演示一
个新的设计想法。请使用提供的模板（p.189）开始练习。

1 回想心目中的产品或服务的用户。如果
需要一个主题，可以使用随附网站上的
一个人物角色作为样本，并专注于以下
其中一项：
例如，从一台自动取款机中取钱。
例如，购买音乐会门票。
例如，煮一杯咖啡。
（3分钟）

2 写下用户在与产品或服务交互时要经历
的3—5个关键步骤。计划好可以用来
说明这些步骤的镜头和技巧。镜头可以
包括：
· 广角镜头。显示周围环境。
· 远景。展示一个人完全可见的身体
和他/她的周围环境。
· 中景。展示一个人的头和肩膀。
· 过肩镜头。专注一个人肩膀以上的
事物。
· 视角镜头。通过人的视角展现事
物。
· 特写镜头。展示一个设备或界面的
详细视图。
（5分钟）

3 在模板中绘制故事板。尝试从一个广角
镜头开始，针对故事的起点来树立一种
印象，并介绍重要的对象或人物。
（5分钟）

4 对于其余的每个步骤，请说明此人将要
做什么。你可以只使用简单的符号和简
笔画。使用各种镜头来展示环境的相关
部分以及人与被评估产品或服务之间的
交互作用。
（15分钟）

5 添加简短的标题来描述每个步骤。在理
想情况下，每个板块应该展示一个单独
的动作，并配上一句话来解释这个动作。
要想改进故事板，请尝试以下操作：
· 使用粗的轮廓线或用荧光色来吸引
人们注意重要的部分。
· 使用箭头来指示重要的移动方向。
（5分钟）

·主题分析

寻找对人们说或写的东西有意义的模式

学术资源

Saldaña, J. (2009). The coding manual for qualitative researchers. Thousand Oaks, California: Sage.

Braun, V., & Clarke, V. (2006). Using thematic analysis in psychology. Qualitative research in psychology, 3(2), 77-101.

Boyatzis, R. E. (1998). Transforming qualitative information: Thematic analysis and code development. Sage.

无论是使用访谈（p.78）、焦点小组（p.64）还是调查问卷（p.102）中的书面回答，人们说或写的内容都很重要。然而，在原始形式下，这些数据很难在某种程度上反馈到设计过程中。主题分析是一种结构化方法，用于分析、解释和管理定性数据，使我们能够在从数据到想法中找到正确的设计方法。

主题分析专注于确定主题。主题被定义为对一部分书面或视觉数据赋予"总结性、显著性、捕捉本质和／或唤起属性"的词语或短语（Saldaña，2009，p.3）。例如，受访者可能会反复表达对某一种产品的价格、成本或价值的看法。尽管每个受访者可能会使用不同的词语、短语或语音语调，但所有这些表达方式都可以归为一个主题——成本敏感性。该主题可能与其他数据有关。例如，我们可能选择对高成本或低成本敏感度进行分类，并将其与其他主题联系起来，例如"质量""生活方式"或"收入"。主题分析可用于对数据进行自下而上和自上而下的解释。遵循一个自下而上的方法，主题便通过与数据互动而出现。当使用一个自上而下的方法时，主题是预先确定的，例如，基于一个作为分析起点的研究问题或假设。

当确定一个主题时，重要的是要记住，定性数据通常是混乱的、复杂的且有待进一步解释的。尽管存在这些挑战，以这种方式探索数据仍有助于我们与人们建立联系，并对他们的经历产生共鸣，这样我们就能确保这些数据始终处于设计过程的中心。

练习

需要准备 1 个合作伙伴，
普通笔、荧光笔、纸

在这个练习中，你将使用一种自下而上的方法对一组采访数据进行主题分析。这些数据可以是来自你的采访，也可以选择随附网站上参考资源中的文字整理稿。

1 每个人都应该阅读采访数据的一部分。一边读一边用荧光笔标记并注释文本。请以一种开放的心态进行阅读。专注于数据所表达的内容，避免试图寻找你想要或期望的东西。请查看以下内容：
- 哪些主题经常发生。
- 哪些主题伴随着情绪反应。
- 使用了哪些词。

（10 分钟）

2 创建第一组主题。每个主题应该是一个词语或陈述，将受访者讨论过的两个或多个主题归为一组。将这些主题记录在主题分析的模板中。

（10 分钟）

3 根据主题对数据进行分组。记录表达该主题的人数、参考文献总数和反思笔记：
例如，在所有访谈中，第 73 个参考文献提及了成本敏感性。
例如，在 15 个访谈中，有 10 个访谈的主题是成本敏感性。

（20 分钟）

4 通过使用替代镜头探索数据，以此来进行分析。每个人都应该选择下面的一个挑衅点，并寻找可能出现的其他主题。
- 事件、需求、动机等。
- 身份：性别、社会经济地位、年龄等。
- 情绪和态度：喜欢、不喜欢、感知等。
- 行为：用法、习惯、工具等。重新阅读访谈数据并将其他主题添加到模板中。

（10 分钟）

5 讨论、合并并对调查结果进行成对分组。你认为什么是重要的且为什么，不同的主题之间是如何相互关联的？没有单一的正确答案，只是看待数据的方式不同。

（5 分钟）

6 将分析合并到显示主题如何相互关联的图表或绘图中。请与设计团队成员分享以上内容。

（5 分钟）

大声思考协议

通过聆听用户的想法来学习

学术资源

Rooden, M. J. (1998). Thinking about thinking aloud. Contemporary Ergonomics, 328-332. Comprehensive, but not easily accessible

Ericsson, K. A., & Simon, H. A. (1993). Protocol analysis. Cambridge, MA: MIT press.

Nisbett, R. E., & Wilson, T. D. (1977). Telling more than we can know: Verbal reports on mental processes. Psychological review, 84(3), 231.

现在有多种设计方法和工具用于测试现有或新产品（或服务）的设计，例如可用性测试（p.126）和语境观察（p.44）。然而，仅仅通过观察用户与一个产品或服务的交互，很难深入理解用户的交互以及导致这些交互的原因。访谈（p.78）和调查问卷（p.102）之类的设计方法在一定程度上通过要求人们口述自己的经历来解决这一问题。然而，回顾性地进行此操作会使所提供信息的准确性和完整性取决于用户的记忆力和回忆其互动的能力。

大声思考协议方法使设计师可以在人们与一个产品或服务交互时访问他们的思维过程。这种方法通常与可用性测试结合使用，以帮助我们确定人们是否理解并能够使用一个产品或服务。它鼓励人们在执行一个任务时用语言表达自己的想法，揭示自己的认知过程。这有助于揭示设计师和用户的心理模型之间的差距，并深入了解用户如何在一个真实的或模拟的情景中实际体验产品或服务。

对于一些参与者而言，在使用某个产品或服务时大声说话会感觉非常不自然，这样可能会影响结果的有效性。解决此问题的一种方法是"共同发现"，即两个人同时与一个产品或服务互动，从而引发关于他们体验的更自然的对话。

练习

在这个练习中，你将使用大声思考协议来评估一个现有原型，以便了解用户与产品交互时实际发生的情况。将数据记录在提供的模板中（p.192）。

1 从要测试的一个原型开始。如果你还没有一个原型，请选择一个容易获得的产品或服务。
例如，智能手机、电子邮件收件箱或洗碗机。

2 给参与者布置一个要执行的任务，该任务将使他们完成使用产品或服务的关键步骤。
例如，定位 GPS 功能并查找最近的火车站。
例如，查找去年 10 月 17 日收到的所有电子邮件。
例如，收拾好洗碗机，并设定洗碗机的循环时间，以清洗较重的盘子。
（10 分钟）

3 指导参与者描述他们正在采取的步骤，并在参与任务时表达他们的想法和感受。

4 对于任务的每一步，请倾听并记下参与者所说的话——这就是所谓的口头协议。为了快速记录，请使用大声思考协议的数据收集表（p.192）。在征得参与者同意的情况下，还可以使用录音，便于以后查看数据。

5 如果参与者在专注于任务之时停止了谈话，请温和地鼓励他们继续发声。不要向参与者解释界面的任何部分，否则，从测试中获得的价值会减少。

6 从测试用户的角度记录下设计的优点和缺点。它是如何帮助测试用户实现目标的，哪些问题使他们感到沮丧或阻止他们有效地执行任务？
（2 分钟）

·可用性测试

通过尽早并经常进行测试来识别设计缺陷

学术资源

Nielsen, J. (1994). Usability engineering. Elsevier.

Rubin, J., & Chisnell, D. (2008). Handbook of usability testing: how to plan, design and conduct effective tests. John Wiley & Sons.

Sauer, J., Seibel, K., & Rüttinger, B. (2010). The influence of user expertise and prototype fidelity in usability tests. Applied ergonomics, 41(1), 130-140.

产品的设计者将始终对产品应该如何工作有更深入的了解。为了使一项设计取得成功,设计师的心理模型需要与用户的心理模型相匹配。人们根据实际产品的设计和界面,以及之前的经验和文化背景来形成他们的心理模型。

可用性测试使我们能够确定人们是否理解如何使用产品,换句话说,产品的概念模型是否与用户的心理模型相匹配。更具体点说,可用性是指效率、有效性和满意度(Nielsen,1994),可用性测试应该衡量这 3 个方面。例如,可以通过记录一个用户完成某项特定任务所花费的时间来衡量效率。有效性可以通过记录人们是否能够完成一项任务来衡量。满意度可以通过记录参与者的引语来衡量,这既可以在参与者使用大声思考协议(p.124)与产品互动时进行,还可以在测试后的一个访谈或调查问卷(p.102)中进行。

可用性测试通常是在一个专用实验室或一个办公空间内的受控环境中进行的。为了取得有效的结果,重要的是要确保参与者感到舒适。建议至少有 5 名参与者进行测试,这样通常可以揭示设计中 80% 的问题。可用性测试可以通过使用一个原型或一个现有产品来完成。一个好的方法是针对某个原型进行几轮不同迭代的测试。

练习

在这个练习中，你将与代表目标受众的潜在用户一起测试一个产品的设计。你可以使用一个现有产品（例如一个社交网络应用程序）或使用在之前练习中生成的低保真原型（p.84）。请使用模板（p.193—194）做笔记。

1 确定 3 个或多个与要测试的功能相关的任务。添加完成任务所需的任何详细信息。
例如，任务：寻找一个人。任务制定：你想添加一个人。他的名字叫彼得·弗里德（Peter Friend）。请不要提供具体的说明，例如点击哪个按钮。这样可以了解人们是否可以在没有帮助的情况下完成任务。
（10 分钟）

2 准备测试前和测试后的面试问题。测试前的问题应包括与产品相关的因素。
例如，对类似产品的先前经验、人口统计数据（年龄、职业）。
测试后的问题应能获取参与者对产品的体验。
例如，他们喜欢什么，还有什么可以改进的。
你可以使用系统可用性量表（SUS）的调查问卷模板（p.194）。
（10 分钟）

3 说明测试的产品和目的，同时阐明你正在测试的是产品，而不是参与者。概述该过程，并请求参与者允许对会议进行录音。对测试前的问题进行提问并记录答案。
（5 分钟）

4 为参与者提供第一个任务的书面说明。请使用工作模板，记录每个任务的开始和结束时间、任何有趣的观察结果以及他们犯错误的数量。如果参与者不能独自完成一项任务，可以提供帮助，但请务必记录下来。使用大声思考协议方法（p.124）可以提供额外的见解。请继续执行其余的任务。
（30 分钟）

5 对测试后的问题进行提问并记录答案。通过感谢参与者来完成测试。
（10 分钟）

6 准备一份有关调研结果的报告。包括有关过程的详细信息（参与者数量、任务、设置等）。这是设计项目中的一个重要步骤，因为该报告用于告知产品的下一次迭代。
（几个小时）

·用户旅程地图

了解复杂的用户体验

学术资源

Stickdorn, M., Schneider, J., Andrews, K., & Lawrence, A. (2011). This is service design thinking: Basics, tools, cases. Hoboken, NJ: Wiley.

Nenonen, S., Rasila, H., Junnonen, J. M., & Kärnä, S. (2008). Customer Journey – a method to investigate user experience. In Proceedings of the Euro FM Conference Manchester (pp. 54-63).

用户旅程地图是一种设计方法，它用于在单个概述中呈现并描述一个复杂体验中的每个重要步骤。它包括用户正在做的事情、想法和感觉，还指出了在这一过程中支持这些步骤的物理或技术基础设施。在设计诸如银行、医疗保健或公共交通等复杂的体验时，用户旅程地图非常有用。

例如，一个人可以用很多不同的方法来开一个新的银行账户。他们可以亲自去银行、登陆在线网站或给银行打电话。无论用户选择哪种途径，银行都必须准备好提供无缝的体验。即使用户从一种交互类型切换到另一种交互类型，信息也必须以一种合乎逻辑的方式从一个步骤转移到下一个步骤，并保持一致。用户需要了解他们在这个过程中所处的位置以及下一步需要做的事情。在设计各个交互点的细节时，保持对这种复杂性的概述是很有挑战性的。

用户旅程地图通过以类似表格的形式视觉化地展现了体验的所有步骤，从而使体验过程便利化。地图中的栏用于描述一个活动的步骤或阶段。地图中每行用于描述旅程的各个方面，例如想法、情感、目标、接触点、痛点和机会。所选择的维度应该与项目及其目标保持一致。通过将用户的体验映射到旅程的每个步骤，以了解整个体验，同时了解需要为用户设计或重新设计的内容，以便以尽可能少的摩擦来实现用户目标。

练习

在这个练习中，你将使用提供的模板（p.195）创建一个用户旅程地图。在开始之前，需要根据先前的研究对当前的用户体验有一个很好的了解。你可以按照未来的超市的设计概要（p.143）来做这个练习。

1 选择是谁的旅程。选择要检查的一个用户和体验，或者从随附网站上的参考资源中选择一个人物角色，并在他们尝试实现一个特定目标时绘制他们的旅程地图。例如，去买一周的食品。
（10 分钟）

2 在模板的第一行中列出体验的主要步骤。体验开始得可能比你想象得要早。通常，用户需要进行一些计划活动。在每一栏中编写一个主要阶段。
例如，以超市购物为例，访问者将至少有一个计划阶段、一个购物阶段和一个购买阶段。
（15 分钟）

3 在模板的第二行中，写下确定的每个主要步骤中执行的活动。
例如，写下一个购物清单，检查冰箱和食品储藏室中的当前库存，以及收集可重复使用的购物袋，这些都可能是计划阶段的一部分。
（15 分钟）

4 下一行用于讨论用户的情绪，并记录用户在不同步骤和活动中的想法和感受。
（10 分钟）

5 使用下一行记录完成这些活动所需的接触点——这些事情在哪里发生？
例如，收银台、网站、超市、熟食柜台。
（15 分钟）

6 写下所选步骤中的所有苦恼（消极的）和收获（积极的）。这为将来可能的重新设计提供了一个关注点——用户旅程地图可以作为一个工具来分析当前体验在哪些方面可以改进。
（10 分钟）

用户简介

描述你的用户的关键属性

学术资源

Courage, C., & Baxter, K. (2005). Understanding your users: A practical guide to user requirements methods, tools and techniques. San Francisco: Morgan Kaufmann Publishers.

Holtzblatt, K., Wendell, J.B., & Wood, S. (2005). Rapid Contextual Design: A How-to Guide to Key Techniques for User-Centered Design. Elsevier Inc.

在设计一个产品或服务时，我们需要针对不同的用户进行设计。尽管有些产品和服务可能针对更具体的用户群体（例如外科医生），而不是一般的用户群体（例如移动电话用户），但所有用户群体都存在一定程度的差异。用户简介是映射这种变化形式的一种方式。

用户简介在一份概述表格中显示了不同的、已被识别的用户的关键属性，该表格可以显示所有可能的用户。在该表格中，在一个轴上是用户类型的名称，在另一个轴上是一份关于相关属性的列表。如何导出每个类别的用户将取决于具体的设计项目。理想情况下，用户类型将出现在用户研究中，这可能来自现有的辅助数据（例如人口普查数据、报告等）或主要数据，例如调查问卷（p.102）或访谈（p.78）。每个用户简介都应传达为每个选定属性找到的相关趋势，可能包括人口统计数据、职业、教育水平、收入、技能、技术专长、态度等。密切地查看一份表格时，用户简介可以视觉化地来展示比较趋势。单独来看，一个单独的用户简介可以构成创建一个人物角色（p.100）的基础。

尽管人物角色提供了一个典型用户的叙述性描述，但用户简介将信息呈现为一个范围或趋势。例如，一个用户简介可能被标记为"精通技术的超级用户"，年龄在19—30岁之间，平均70%是女性且每周工作40—55小时。尽管一个人物角色可能是该用户简介的象征，但人物角色和用户简介并不遵循相同的格式。用户简介不是静态的，而是在设计过程的每个迭代阶段都需要完善。

练习

在这个练习中，你将为正在设计的一个产品或服务创建用户简介，也可以选择设计太空旅行的设计概要（p.141）。使用随附网站上参考资源中的现有数据或生成的数据，同时，使用用户简介模板（p.196）来记录结果。

1　选择一个目标用户群。使用以下之一：
· 你的同学/同事。
· 你的社交网络。
如果你正在使用随附网站上参考资源中的现有数据，则可以跳过此步骤。

2　使用多种方法查找有关用户群体的信息。调查、计数、观察、进行在线人种志或进行小型访谈。数据可能包括：
· 人口统计数据、技能、教育、职业。
· 特定于设计问题的信息。
例如，旅行频率、原籍国、首选航班及旅行原因等。
如果你正在使用随附网站上参考资源中的现有数据，则可以跳过此步骤。
（20 分钟）

3　查找关键属性的趋势。关键是要寻找能够将某些用户联合起来并将其与其他用户区分开来的属性。这些类别是什么以及如何形成这些类别取决于数据。
例如，原因或旅行：娱乐、工作、探亲。
例如，规划行为：提前计划、在最后一分钟预订、与朋友一起。
在设计焦点方面，你能看到哪些类型的用户出现？
（10 分钟）

4　确定最常出现的用户类型，并将其添加到用户简介模板中（p.196）。将已识别的任何重要的属性添加到表格的空行中。
（5—10 分钟）

5　检查表格中是否有足够的用户简介范围，并且不同的用户简介之间是否有足够的区别。给每个用户类型起一个昵称。
例如，"预算有限的乐趣"或"豪华度假者"。
（5 分钟）

6　从另一个小组获得反馈并进行讨论。查看彼此的用户简介表格。你的设计需求将如何满足不同用户群体的需求。是否有机会解决边缘用户群体的问题？如有需要，请进行修订。
（5 分钟）

·价值主张画布

处理客户的苦恼和收获

学术资源

Osterwalder, A., Pigneur, Y.,
Bernarda, G., & Smith, A. (2014).
Value proposition design: How
to create products and services
customers want. John Wiley &
Sons.

Johnson, M. W., Christensen,
C. M., & Kagermann, H. (2008).
Reinventing your business model.
Harvard business review, 86(12),
57-68.

Christensen, C. M., Anthony, S.
D., Berstell, G., & Nitterhouse,
D. (2007). Finding the right job
for your product. MIT Sloan
Management Review, 48(3), 38.

设计可提供愉悦体验感的产品和服务可以提供战略优势，以促进解决方案在竞争格局中脱颖而出。例如，当代驾公司优步（Uber）进入市场后，与传统中不卫生、不可靠且耗时的出租车服务相比，优步为乘客提供了一种更加愉悦的体验。优步设法解决了当时出租车服务存在的许多难题，同时在整体上为乘客提供了一种更好的体验，例如实时跟踪车辆以及通过移动方式支付乘车费用。

为了设计可以提供一种愉悦体验的产品或服务，有必要了解一个解决方案所提供的"价值主张"，即一个顾客希望参与该解决方案的根本原因。价值主张画布方法建立在商业模式画布（p.30）基础上，以指导设计一个解决方案的过程，进而解决顾客的难题（他们的问题、苦恼）和收获（他们想要实现的目标）。该方法首先选择一个顾客群或用户组并了解他们的目标，即他们试图完成什么任务，他们试图实现什么目标，以及如何设计解决方案来协助完成此任务？

这种设计方法通常用于探索以前未曾考虑过的新顾客群，并确定一个特定的产品或服务组合是否可以满足他们的需求。它有助于说明顾客的任何未解决的难题或未来可能错过的机会，并有可能为特定顾客群创造价值。该设计方法还可用于关注解决方案中已考虑的一个顾客细分市场的顾客需求，并确保他们的需求得到充分满足。

练习

需要准备笔

在这个练习中，你将使用 p.189 上的模板填写价值主张画布。如果你没有一个特定的项目，请从 p.139 中的设计概要中选择一个。

1 选择目标顾客（可以使用人物角色，p.100），并在完成模板的圆形部分时记住他们。在"顾客群"标题栏中写下关于目标顾客的一段含有 2—3 个词的描述。
（5 分钟）

2 询问该顾客试图要完成什么，并将这些想法记入模板的"顾客工作"部分。
（10 分钟）

3 询问在完成工作之前、期间和之后，让客户感到苦恼的是什么。在模板的"苦恼"部分中记录想法。
（10 分钟）

4 接下来，询问顾客想要什么样的结果和收获。将这些记录在模板的"收获"部分。
（10 分钟）

5 移至模板的正方形部分，询问有哪些产品或服务可以让目标顾客完成你列出的工作？请把这些写在模板的"产品和服务"部分。
（10 分钟）

6 思考一下列出的产品和服务是如何克服步骤 3 中确定的难题。在模板的"难题解决者"部分写下这些内容。
（10 分钟）

7 思考一下列出的产品和服务如何通过为顾客提供所需来创造顾客的收益。请在模板的"收获创造者"部分记下想法。
（10 分钟）

8 查看整个模板，通过在可能的组合之间画线来探索是否所有的苦恼和收获都是由难题解决者和收获创造者解决的。如果有什么东西没有链接，请考虑如何使用一个新的设计来解决这些问题。
（20 分钟）

设计方法　　**133**

·视频原型

通过视频叙事传达设计概念

学术资源

Mackay, W. E., & Fayard, A. L. (1999). Video brainstorming and prototyping: techniques for participatory design. In CHI'99 extended abstracts on Human factors in computing systems (pp. 118-119). ACM.

Markopoulos, P. (2016). Using video for early interaction design. In Collaboration in Creative Design (pp. 271-293). Springer.

Tognazzini, B. (1994). The "Starfire" video prototype project: a case history. In Proceedings of the SIGCHI conference on Human factors in computing systems (pp. 99-105). ACM.

Vertelney, L. (1989). Using video to prototype user interfaces (pp. 57-61). ACM.

在构建功能原型之前，视频原型是一种用来传达某个想法的有用方法。视频原型是一部短片，展示了一个或多个用户如何根据一个情景与未来某个产品进行交互（Markopoulos，2016），从而可以以一种引人入胜的视觉丰富样式来快速记录概念。使用视频有利于提供使用环境，传达一种关于体验产品或服务的叙述，以及展示人与环境之间的互动，包括面部表情和身体姿势。

视频原型可以根据项目的不同阶段来采取不同程度的保真度。在早期阶段与团队内部的交流中，粗略的视频就足够了，因为重点是探讨概念的想法。在这样一个早期阶段，结合体验原型（p.58）和角色扮演（p.108）来创建视频原型可能会很有用，因为这样可以快速播放并迭代具有价值的环境信息的交互情景。

当进一步完善概念或与可能包括项目利益相关者的更广泛团队共享此概念时，可能需要更高级的视频制作技术。视频原型越完善，所描述的情景就越有说服力。将实体模型（p.90）与其他技术相结合可以创建一个完整有效的产品或服务印象。用于创建视频原型的有用技术包括：变化的镜头、拍摄序列、定格动画、幕后模拟原型和绿屏键控。

视频原型可用于一个设计过程的任何阶段，以探索概念及其实施，与潜在用户一起测试概念，向一个外部受众传达概念以及为资金而宣传概念。

练习

你将需要准备带有照相功能的智能手机，纸、硬纸板、胶带、便利贴、笔、视频编辑软件（可选）

在这个练习中，你将创建一个 30 秒的视频原型来传达关于一个产品或服务的想法。你将学习如何使用技术来通过视频表示人与产品或服务之间的交互。

1 选择一个需要重新设计的问题或情况。例如，如何改善在某栋楼中找到房间的体验？

2 通过进行头脑风暴为选定的问题或情况想出一个解决方案。也可以使用之前完成的练习中的解决方案，例如体验原型（p.58）。
（10 分钟）

3 编写一个使用情景，在该情景中，一个用户与新的设计概念进行交互。请确定你想在视频原型中传达哪些互动。可能需要优先考虑体验的某些部分，以确保它们适合一段 30 秒的叙述。
（10 分钟）

4 决定你需要用来讲述所体验的故事的镜头，并使用提供的模板创建一个故事板（p.189）。
（10 分钟）

5 根据故事板，确定拍摄视频原型所需的位置、演员和资料。可以使用先前创建的设计人工制品，例如，视频中的体验原型，或者创建将在视频中使用的新的人工制品。
（10—30 分钟）

6 拍摄视频。在实际拍摄之前，请对整个情景进行排练，使用智能手机录制视频。
（20—30 分钟）

7 如果可以使用视频编辑软件，请将视频片段编辑到最终的叙述中，还可以添加文本标题幻灯片或副标题来解释交互。添加与环境和情景相匹配的声音和解说。
（30 分钟）

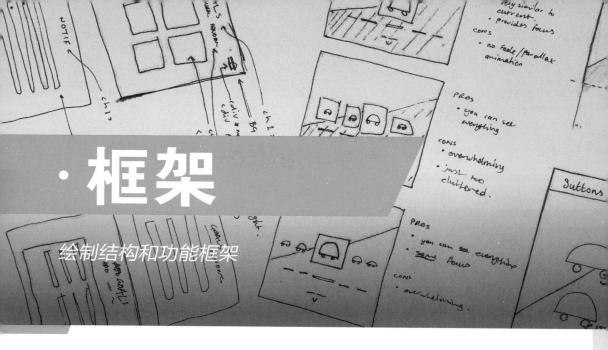

·框架

绘制结构和功能框架

学术资源

Garrett, J. J. (2003). The elements of user experience: user-centred design for the web. New York: American Institute for Graphic Arts.

框架是展示一个产品或系统的基本结构或功能的线路图。作为草图（p.116）的一种延伸，框架为设计师提供了一种正式的方式来思考和传达一个设计的功能，而没有多余的高保真信息，例如，图像、字体、颜色或版式设计等信息可能会分散核心目的。由于框架看起来或表现得并不像一个最终的产品，所以它们很快就能生产出来，并且需要修改。

长期以来，框架一直是三维建模和产品设计的核心要素，现在也是数字应用程序设计的核心。框架在构思过程的早期进行，例如，低保真原型（p.84）和实体模型（p.90）可以使我们能够从研究和理解一个问题转而去构建一个解决方案。它们对于扩展概念模型尤其有用，例如，那些通过卡片分类（p.34）生成的模型。通过这种方式，用户的思维模型和早期的草图就可以组合并转换为菜单、标签、标题和页面等结构。

就像建筑蓝图具有其自己的编码视觉语言一样，框架也提供了符号来表达、反思和传达我们对一个系统如何工作的想法。它们可以构建在纸上，也可以使用插图软件应用程序（例如 Adobe Illustrator）或专业的软件工具（例如 Balsamiq）构建。为了简化工作流程，某些软件工具甚至允许添加简单的交互功能，以此来模拟从一个屏幕到另一个屏幕的转换。当与用户进行测试时，框架并不是很有效，因为大多数用户不熟悉框架中使用的编码符号的含义。然而，在将框架转换为模型或原型之前，可以使用它们来寻求其他设计师或领域专家的反馈。

练习

需要准备 1 个合作
伙伴，笔、纸

在这个练习中，你将创建一组框架来解决一个特定的设计概要，例如设计太空旅行（p.141）。框架既可以描绘一个物理对象，也可以描绘一个屏幕。在这个练习中，你将使用框架来展现一个移动应用程序或网站解决方案的用户界面。

1 为所选的 4 个问题或情况进行头脑风暴，也可以使用之前完成的练习中的解决方案。
（10 分钟）

2 绘制想要在设计中表现出来的产品部件。如果你正在设计太空旅行，则可以选择一个特定的情境，例如，在 2 周内找到飞往某个特定目的地的最便宜的航班。
（15 分钟）

3 为需要的每个屏幕准备一个画布——这是一个矩形，与屏幕的显示格式比例相同。对于一个搜索功能，至少要有一个"主屏幕"和"结果屏幕"。可以将提供的模板（p.197）用于移动应用程序。对于桌面浏览器，请使用随附网站上提供的参考资源并绘制自己的画布。
（5 分钟）

4 为每个屏幕起草导航和功能。使用随附网站的参考资源中提供的建议图标，并在需要时绘制自己的图标。框架不需要很漂亮。快速表现的线条图显示了对产品功能的仔细考虑，这比完美绘制的插图要好。使用现有的原理，例如模式或格式塔，以及对普通的网页和移动应用程序功能的体验来创建一个用户可以理解的解决方案。
（40 分钟）

5 以线性格式来显示屏幕，这样便可以按顺序查看它们。请添加注释以便解释重要功能。可以使用颜色来突出显示每个框架的关键特征，但不应将其用作一种视觉设计元素。
（10 分钟）

6 与合作伙伴讨论并评估框架。确保框架对其他人有用，并根据反馈对其进行修改。
（15 分钟）

设计 计 考 作 破 复
设 思 制 突 重
思 制 突 重
制

设计概要

自动驾驶汽车

由于机器学习和人工智能的进步，自动驾驶汽车正逐渐成为一种现实。它们是伪装成汽车的机器人，利用传感器和执行器来导航道路并对环境中的特征做出反应，还会与许多其他排列在一起的机器人系统结合，成为未来城市自主系统的一部分。

如今，谷歌（Google）拥有几款自动驾驶汽车，实践证明它们能够自主导航。同样，在2014年，特斯拉（Telsa）推出了一项新的自动驾驶功能。该功能以一个软件更新的形式发布，即不需要新车。尽管完全地自动驾驶汽车估计还需要几年时间，但这些为当今城市大批量生产自动驾驶汽车的首批尝试表明，作为设计师，我们需要思考未来的人们将如何与自动驾驶汽车互动。

可能是机器学习和人工智能将自动驾驶汽车带入大众消费市场，但用户界面和用户体验问题将决定或打破自动驾驶汽车的未来。

本设计概要专注于基于屏幕的界面，该界面可实现与自动驾驶汽车的交互。作为一名设计师，你的任务是规划出在未来的城市中，帮助人们与自动驾驶汽车互动所需的条件。

设计概要的未来性使其难以收集到自动驾驶汽车及其可用性问题的第一手经验。我们可能需要根据网上搜索到的文件和研究来进行一些研究，例如自动驾驶汽车的驾驶考试或学术研究论文。

我们需要确定一个问题情景（例如城市垃圾收集）或一种自动驾驶汽车（例如无人机送货）。在对设计问题进行背景研究时，也可能会出现这种关注，同时应该包括寻找机会。

无须也不必对我们所选择的自动驾驶平台的任何物理方面进行原型设计。取而代之的是，我们需要设计一个视觉界面，这样可以使人们与自动驾驶汽车进行互动。例如，可以采用以下形式：

· 一个移动应用程序，用于预订共享自动驾驶汽车。

· 一个移动应用程序，用于订购并跟踪城市无人机递送的产品。

· 一个网络应用程序，用于控制一队垃圾收集机器人、街道清洁机器人或空气质量测量无人机，或集成到一个无人驾驶汽车中的一个视觉控制界面。

我们应该确定一个特定的使用目标，并专注于为其设计一个解决方案，进而缩小解决方案的范围。比涵盖所选平台的所有方面更重要的是，应彻底思考那个特定使用案例的交互作用，并通过使用迭代和评估来获得正确的设计细节。

设计太空旅行

几个世纪以来，人们一直梦想着穿越太空。在这个设计概要中，我们可以构想一下未来预订太空旅行所需的交互式应用程序的形式。2016 年，SpaceX 公司的猎鹰 9 号火箭首次发射到太空并安全返回地球。SpaceX 公司的创始人埃隆·马斯克（Elon Musk）正计划将这枚超级火箭与一艘可搭载至少 100 人的宇宙飞船结合起来，这艘飞船被称为第一个星际运输系统（Interplanetary Transport System，ITS）。SpaceX 公司曾计划于 2018 年在火星上降落一个无人太空舱。据埃隆·马斯克（Elon Musk）称，我们将能够在 50—100 年内在火星上建立第一个人类殖民地。根据旅行时地球和火星的位置，星际运输系统（ITS）将能够在大约 80 天之内完成旅行。一旦第一批殖民地建立起来，旅游业很快就会开发出去火星的太空旅行。目标受众可以是任何想探望他们在火星上的亲戚的人，也可以是那些从工作或生活中抽出时间来享受长假的人们，他们可以在旅途中欣赏地球美景。只是，他们将如何预订前往火星的旅程呢？

我们的任务是设计一个在线预订界面，用于……（在此处插入一个你选择的时髦名称，例如 "SpaceJet"），这是一种用于预订飞往火星航班的新型聚合服务，目录包括殖民者的单程航班、游客的往返航班和度假者的度假套餐。预订界面应该对使用笔记本电脑或智能手机，例如苹果手机或安卓手机上的浏览器的客户开放，前提是这些设备在 50—100 年后仍然存在。在这个项目中，我们还可以假设人们仍然会使用键盘和鼠标与笔记本电脑进行互动，并通过多点触摸屏与智能手机进行交互。

另外，我们还需要考虑解决方案中的其他方面，例如：

· 考虑整个体验。并非每个城市都会有一个空间站（即使在 100 年后），人们可能需要搭乘一架从他们城市出发的转机航班才能到达最近的空间站。

· 即使在 100 多年的时间里，前往火星的旅程仍将花费几个月的时间。因此，人们可能希望预订的不仅仅是他们的餐点。考虑一下旅行如何成为目的地本身，以及如何让人们在预订旅程的过程中选择这些体验。

· 可能已经有很多竞争对手在提供类似的服务。如何将预订界面与其他竞争对手的界面区分开？例如，考虑一下可以在火星上提供额外体验来作为度假套餐的一部分。

· 考虑在火星自身上的体验，以及如何使预订界面上的用户能够选择酒店以外的那种体验，例如四处走动的漫游者或太空服的样式和类型。

· 除了 SpaceX 公司，还会有不止一条太空线可选。请考虑如何在预订界面中展示这些太空线。

我们可以自由填写设计预订界面所需的详细信息，例如飞往火星的航班价格，但请尽量切合实际，例如，飞往火星的航班价格可能是地球上国际航班价格的 100 倍左右。

博物馆游客体验

虽然有些人可以花一整天时间去参观博物馆，但有些人不会介意自己再也不涉足那里。对于一个依靠公共利益来筹集资金的机构来说，博物馆面临一个潜在的问题：它必须有趣，并且与每个人都息息相关。当今，许多博物馆面临的最关键问题是如何保持相关性，并以新的方式吸引更多的观众。

对于一个在传统上将自己定义为文化事务的权威和历史收藏管理员的行业而言，信息时代的兴起改变了游戏规则。博物馆不再像它们曾经那样是知识的看门人，并且对于观众而言，博物馆里的大部分内容都可以在舒适的沙发上获取。甚至艺术品也已成为数码产品。如果你想，就可以在舒适的家里欣赏《蒙娜丽莎》，下载、打印并将其挂在墙上。博物馆正处于数字化颠覆之中，并不断面临重塑自我的挑战。

在这种相关性危机的刺激下，许多博物馆都致力于调整自己通常的做法。为了维持其在社区中的独特地位，他们需要提供独特、身临其境且令人震惊的游客体验，从而将人们带入建筑物里。我们可以帮助他们做到这一点！

对于该设计概要，我们的任务是选择一个博物馆，并根据博物馆提供的收藏品设计一种体验。这种体验需要提高游客的参与度，实现机构的教育目标，并帮助博物馆吸引新的观众（或确认他们与现有观众的关系）。这种体验应该与建筑本身交织在一起，即没有博物馆的收藏和环境该体验就不可能存在。体验的或广阔或狭小的范围由你决定——可以从博物馆门口开始，也可以专注于一个特定的画廊。

使用本书中的方法和模板，以探索各个方面：

· 有形的。利用人工制品和收藏品的物理特性。

· 空间。使用建筑物本身及其空间特性作为体验的一种背景。

· 叙事。使用博物馆的藏品讲述一个故事。

· 数字化。使用技术来支持吸引并教育游客的新方法。

设计一种游客永远不会忘记的体验。

未来的超市

　　几乎每个人都曾在某个时间点经历过超市购物。有些人甚至把这种活动描述为每周的琐事。从顾客和供应商的角度来看，此设计概要设置在超市的背景下，以及更广泛的购物体验中。

　　超市的规模和地点各不相同，可以满足各种各样的顾客以及他们的需求。顾客可以去一个加油站旁的小超市，或购物中心内的大型超市内购物。每个超市都有自己独特的背景、挑战和机遇。

　　我们的任务是为未来的购物环境（数字化和实体化）制定一个愿景，以改善顾客和员工的体验。为了实现这一点，我们首先需要了解环境，定义问题区域，并了解所涉及的各个利益相关者。解决方案应考虑不同利益相关者和用户群体的利益和观点，而这可能具有冲突性质。例如，想想一个老年人、退休人员和一个上班路上的年轻人的购物需求，以及这些情景的社会和行为影响。

　　可以使用本书中的设计方法和模板来构建我们的设计过程。需要确定应解决的一个问题区域，并了解这个问题空间，探索当前体验的难点——顾客、员工（例如店员）和任何其他对购物体验有贡献的利益相关者的需求。

　　然后，根据具体问题的环境和利益相关者群体，构思解决该问题的全部或部分已确定的难点的解决方案。

　　接下来，应该采用各种原型技术，以便尽可能快地生成更多的原型。通过将想法原型化为可以体验的具体表现形式，确定并完善最能满足利益相关者需求的解决方案。

　　这个设计概要考验我们需要从一个以人为本的角度，而不是一个以技术或材料驱动的角度来开发解决问题的方案。

设计 计 考 作 破 复

思 制 突 重

设 思 制 突 重

计 考 作 破 复

案例研究

自动驾驶汽车

调查问卷和访谈结果

参与者条件：
60% 有身体残疾、20% 有视觉障碍、20% 患有长期疾病、20% 有心理健康困难、6.7% 伴有听力损失、6.7% 有语言障碍。

目前的交通方式：
36.4% 公共交通、22.7% 轿车、18.2% 私密、9.1% 出租车、9.1% 通过朋友或家人接送、4.5% 步行 / 自身的媒介。

用于导航的应用程序：
最常使用：谷歌地图。
第二常用：优步（Uber）。
第三常用：Trip View 实时

传输应用程序。

主要评论：
"我开车有困难，我尽量在有限的时间内驾驶，或者联系距离最近的亲戚开车带我转一转。"
"我通常总是需要帮助才能上下车。"
"坐轮椅会使出行非常困难。公共交通需要无障碍轮椅，这有时限制了我可以使用的服务数量，因为有些旧车辆不适合轮椅。"
"由于我不能自己开车，长途旅行意味着需要找到一个愿意开车送我的人（一般是妈妈或爸爸）。"

面试结果：
目的：收集关于人们日常情景的关键问题和叙事故事的数据。
方法：对 5 名身体残疾者进行半结构式访谈。

参与者需要旅行的地方：
工作、教育机构、娱乐活动。

最常见的交通方式：
出租车、家庭用车、来自社区团体的私人组织。

人们不使用公共交通工具的原因：
公共汽车令人感到不愉快或不可靠。

火车上的援助一次只能帮助一个人。如果有不止一个身体残疾的人试图上车，那么助手们就失去了对时间的控制，而且没有足够的坡道来提供通道。等待时间太长。并不是所有地方，车辆都容易到达。

关于痛点的关键见解：
对于身体有某些残疾的人来说，几乎不可能独自在城市里走动。
缺乏便捷的交通方式。
司机和乘客的冷漠态度。
无障碍车辆稀少且昂贵。

故事板

对自动驾驶汽车的设计概要的回应专门集中在障碍人士身上。该回应采用了多种设计方法来确定其当前的难点并设计解决方案。

人物角色

年龄：23
职业：学生
婚姻状况：已订婚
地点：利菲尔德
个人情况：瘫痪

个人简介：
理查德（Richard）从出生起就开始使用轮椅。他现在是大学二年级的学生，并且经常从家坐公交车去上课。目前可供他搭乘的公交车线路只有一条且公交车到达时间不可预测。

动机：
理查德喜欢学习，并且和其他人一样拥有梦想。
只要适合他的情况，他就喜欢使用该技术。

目标：
– 他希望看到公共交通得到改善，并且为障碍人士士提供更多的通道。
– 他希望将来能有更可靠的服务或其他更方便的交通方式来满足他的需要。

挫折：
– 当天气不佳时，他便不能使用家旁边的公交车站。
– 由于交通服务的不可预测性而感到疲惫和精神沮丧。
– 长时间等待私人出租车以及花很长时间到车站或公交车站。

站点地图

主页

仪表盘

地图	行车	停车位	日历	空气选项	总体概述

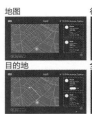 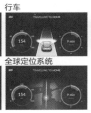 

目的地	全球定位系统		详细事件		

低保真原型

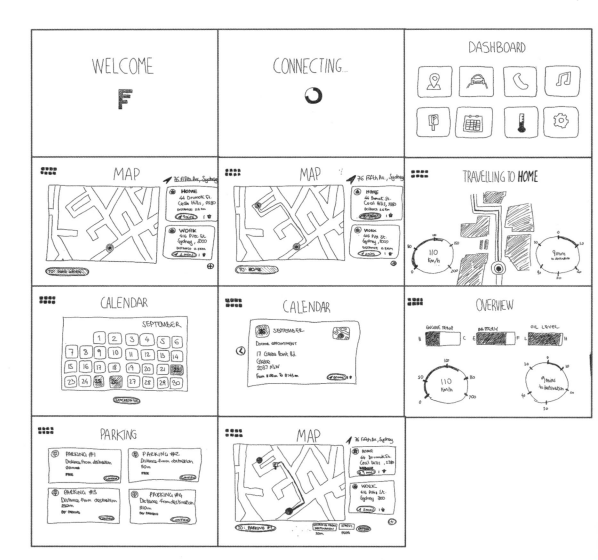

可用性评估

实体模型

设计太空旅行

在线人种志

	Webjet iOS系统	安卓飞行中心	Expedia iOS系统	Skyscanner iOS系统
总体评论	823	14	1808	33568 (但仅分析了10000条评论)
话题 v 星级评定 >	2.5	3.9星	3.5星	4.5星
漏洞				
意见 (满分10分)	0分	不适用	2分	2分
总体评论的百分比(%)	36.2	不适用	8.5	2.2
趋势分析	减少提及	不适用	低而稳定	减少对漏洞的提及
评论		不适用		
设计 / 用户体验				
意见 (满分10分)	8分	10分	8分	7.5分
总体评论的百分比(%)	28.7	28.6	19.7	19.8
趋势分析	增加提及	数据不足	赞扬的次数不断增加，然后突然减少	减少提及设计
评论	"很好"和"简单"分别出现在36%和68%的总体评论中	参见以下的概要	许多评论称赞容易使用且使用速度"便捷"，然而，40.3%的评论持适中的意见 (5/10)，并出现在29.7%的评论中	"便捷"和"简单"占据了这一类别的评论的38%
满意的用户群				
意见 (满分10分) 在此处永远是10分	总是10分	10分	总是10分	总是10分
匹配度(%)	18.2	14.3	23.7	31.9
趋势分析	最近急剧增加	数据不足	赞扬的次数不断增加，然后突然减少	稳定的
评论		参见以下的概要		流行词包括："很好"（提到2843次，占评论的28.4%）及"爱"（提到1514次，占评论的15.1%）此外，"有帮助的"被极高地评为积极意见并被提到744次

Webjet：澳大利亚和新西兰最大的在线旅行社
Expedia：全球最大的在线旅游公司
Skyscanner：一款搜索航班的应用程序，可搜索超过1 000家航空公司的上百万条线路，并在几秒内找到价格最低的航班

人种志结果
（摘要）

skyscanner ★★★★★ / ★★★

在所有4001篇与用户体验相关的评论中，约70%的人持积极态度

"过去的3个假期，我都使用了这个应用程序。这次打折时我发现，最好的功能就中来我还没注意到。备好预订，价格变更会发生变化，使用很简单，备好它可以表示订我的下一个航班！" ——Dibal3

1—2星级的评论
有意义的见解：有些用户并不在乎他们究竟去哪里或什么时候离去，他们只想要最便宜的机票

"我最初使用这个应用程序的时候感觉很不错。三四年前还去了一些想去不到的地方，<smp>我会根据数据选择项目的地，如果你想知道要去哪的地方。什么时候最便宜。现在当出发的机场者，它的地布分日期，但这有什么意义，我可以在各航上搜索这边。这不不能让我找到最便宜最省时间。" ——Spitfirelllie

典型的积极的用户体验评论包括：提到快速、简单并目测览时合乎逻辑的，一些用户报告说颜色编码提供了清晰度

收费结构不明确

"使用起来非常简单高效。" ——Cellisootyashr

"非常容易使用，预订航班方便。" ——Raeange

"在网站中浏览很容易" ——Sah！史蒂夫

webjet.com.au ★★

用户体验的意见混杂，50%的用户对用户体验持积极的态度。自2014年6月以来，用户体验呈积极趋势，在总体评论中，"很好"和"简单"分别占36%和68%

聚合和过滤很流行

"当我在州与州之间往返工作时，我发现这个应用程序非常有用，因为我记不住我的航班信息——只需轻松就可以看到了。" ——保罗·皮丘金（Paul Pichugn）1341

"比较起来很简单，而且可以省去飞机运营商在各个应用程序上花费的时间。方便、可靠且使用简单。" ——JFH1967

对设计太空旅行的设计概要的回应涉及通过在线人种志和访谈收集的数据，可通过亲和图进行综合，并转化成一种用于可用性测试的原型。

亲和图

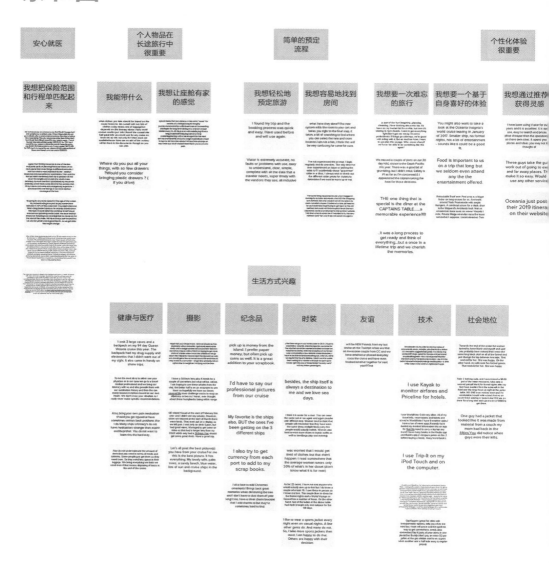

可用性测试

 大声思考协议（Lewis，1982）在第一轮用户测试中被用于关键用户任务。参与者是一个 20 多岁的男性，他是用户界面设计方面的专家，这使他成为第一轮测试的理想人选。观察并记录的几种因素包括肢体语言、手势、其他非语言暗示、面部表情、言语波动和语调。这些交互过程通过行为的方式体现出来。

我不确定我正在安排什么，开始和结束日期是什么？

 我们发现视频录制和带音频的屏幕录制在录制过程中都非常有用。我们使用亲和图映射的设计方法（Hanington & Martin，2012）来分析结果，得出了基于 5e 的可用性主题（Quesenbery，2002），并附加说明了为什么将事件按缺乏清晰性、错误的环境等归类。这样做就可以建立模式，并在所有 3 个界面上持续地识别问题。可用性测试的结果以及使用一个卡片分类的过程对信息架构的更新（Rugg & McGeorge，1997）被合并到线框中。

我想我在引起联想的页面上看到了一些可以比较价格的东西？错了！这是在比较行程！

 最后一轮用户测试通过使用大声思考协议进行，并使用系统可用性量表（Brooke，1996）和非语言行为（University，2016）来收集额外的数据，以便突出设计中的进一步问题。

这一轮由另外 3 名有不同背景的参与者进行。

参考资料

① Brooke, J. (1996). SUS–A quick and dirty usability scale. Usability evaluation in industry, 189(194), 4–7.

② Hanington, B., & Martin, B. (2012). Affinity Diagramming. Universal methods of design: 100 ways to research complex problems, develop innovative ideas, and design effective solutions, 12–13.

③ Lewis, C. (1982). Using the "thinking–aloud" method in cognitive interface design. IBM TJ Watson Research Center.

④ Quesenbery, W. (2003). The five dimensions of usability (Vol. 20, pp. 89–90). Mahwah, NJ: Lawrence Erlbaum Associates.

⑤ Rugg, G., & McGeorge, P. (1997). The sorting techniques: a tutorial paper on card sorts, picture sorts and item sorts. Expert Systems, 14(2), 80–93.

摄制人员

艾里斯·阿兰古伦（Iris Aranguren）
亚伦·比利森（Aaron Blishen）
本杰明·马雷尔（Benjamin Marell）

可用性测试结果

平台	欢迎页面	探索启发	计划/剪贴簿	创建行程
桌面		- 两个搜索选项 - 不清楚添加到计划中的组是什么 - 依据菜单所分的组并不清晰 - 启发性的词语含义不清	- 不清楚如何组织活动 - 剪贴簿上的搜索结果一目了然 - 把功能可见性添加到剪贴簿上	- 比较图标不清晰 - 比较图标出现在错误的环境中 - 近期的活动在所有活动中不一致
iPAD	测试人员不确定启发和快速搜索之间的区别	不清楚添加到剪贴簿是一个被建议的行动 -很欣赏通过滤选项,并认为很清楚 -如果能清楚地知道哪些项目受欢迎,将不胜感激	-搜索结果的清晰度,我在搜索什么? -没有明显的,可以添加到剪贴簿上的结果,以及如何使用它;没有拖放功能的提示,也没有有明显的"可以创建/移动"的群组	- 不清楚日期选择器的环境,选择日期的目的是什么? - 不清楚所建议的行程在行程页面中的目的 - 自定义行程中没有明显的退返按钮
安卓	- 登录;明显的按钮,既好又大 -点击按钮,登录或签到会更好,更清楚	- 不确定这个屏幕的用途 -喜欢的图标令人困惑,它是用来表示喜欢吗?	- 界面显得太乱 -供收藏的心形按钮在这种情况下不清晰,加号按钮更好 -我如何添加更多活动?	- 同样,也不清楚发生了什么。用户以为他们已经在剪贴簿中安排了自己的旅行,而当他们看到行程选项,并有机会定制行程时,他们感到很困惑。操作流程并不清楚
共同主题和主要发现	需要从一开始就明确用户可以做什么,快速搜索或开始计划一段旅程。登录或登录签到需处理更明确	-对"将活动保存到一个剪贴簿中"的基本概念解释得并不好,并且参与者也不理解 -此外,当向测试人员解释了这一点后,仍然不清楚如何将这些项目添加到剪贴簿中,这是因为图像选择不当(我们使用了一个心形图标)	-和启发页面一样,不清楚启发剪贴簿的用途,同时也不清楚启发是否与剪贴簿相连 -在剪贴簿页面上的搜索结果并不清晰,也不清楚搜索栏的结果是否可以添加到剪贴簿中	
解决办法	计划不同选项的说明文字 登录说明	卡片分类后,"启发"改为"探索",以便更关注用户目标 改变图标后,在大型平台上增加了"添加到计划中"的文字	卡片分类后,"剪贴簿"改为"计划",以便更关注用户目标 一个用来演示活动的覆盖教程,可以搜索找到引及进行拖放 在每个活动上都添加了"添加到计划"按钮	卡片分类后,"日程安排"改为"行程表",以便更关注用户目标 同样,上述的流程问题也通过进接屏幕的措辞标签会更改得到解决 例如,浏览页面中的"添加到计划"按钮。在计划页面打开"建议行程"页面替换了收藏夹按钮,然后将"自定义的行程"添加到行程页面

高保真原型

博物馆游客体验

可视化研究

UNDERSTANDING *The*

了解游客体验
让年轻人参观博物馆

年轻人不觉得博物馆是为他们准备的。博物馆文化与年轻人的文化和身份之间存在脱节？

那么一家博物馆是如何吸引一个年轻观众的呢。

社会风气

年轻人受同龄人的影响很大，他们寻找社区和民间活动，在那里他们有共同的兴趣。

创造一个社会目的地对于吸引年轻人去艺术展览馆是必不可少的。提供一个让年轻人感到舒适的氛围很重要。年轻人喜欢有思想的人，对一项运动会产生归属感或认同感。

"我喜欢寻找新的音乐以及整个发现过程，我只需要找到下一个让我发笑的东西"

新体验

发现新的体验会激励年轻人沉浸在一个主题中。

年轻人将寻找与他们文化相关的独特和意想不到的经历，在这个过程中找到灵感和娱乐。发现新事物的兴奋激发年轻人沉浸在一个主题中。

"我讨厌一大群人；父母对着孩子尖叫，那里的人很烦人！"

添加背景

提供更多的关于艺术的信息可以使参观者对作品怀有更多的欣赏。

年轻人表示，了解艺术的大背景可以创造更丰富的体验。对与艺术密切相关的历史有更深入的了解可以便其对作品有更多的欣赏。他们表达了一种想问问题的愿望，想知道更多关于这件作品是如何创作的以及艺术家的背景信息。

50% **不同意**

博物馆是年轻人娱乐和社交的场所

40% 同意
5% 非常同意
5% 强烈反对

参观一个博物馆的动机 **17.5%**

和朋友一起参加社交活动

启发性学习

互动式的学习体验可以保持兴趣。它们必须具有挑战性，并提供一种学习过程的形式。

随着互联网的普及，年轻人期望在一种动态的学习体验中进行互动。视觉学习辅助工具丰富了学习过程并创造了参与度。年轻人需要通过学习经验来接受挑战，进而明白坚持是进步的必要条件。

信息发现

在一个博物馆里需要鼓励个人探索。年轻人喜欢按自己的节奏去发现信息。

在一个艺术展览馆里，年轻人想要自由和方向相融合。他们渴望一些半引导式的体验，但也希望能够定制它，因为如果他们对其不感兴趣，就不会被限定在某个事物上。

弗朗西丝卡·塞佩洛尼　亚历克斯·埃尔顿·皮姆　麦肯齐·埃瑟林顿　马特·费伯格

摄制人员

弗朗西丝卡·塞佩洛尼（Francesca Serpelloni）
亚历克斯·埃尔顿·皮姆（Alex Elton–Pym）
麦肯齐·埃瑟林顿（Mackenzie Etherington）
马特·费伯格（Matt Fehlberg）

摄制人员

伊桑·达亚（Ethan Daya）

本案例研究的重点是通过使用个性化、交互技术和环境感知信息，使千禧一代的游客体验更愉快，从而为团体提供友好的社交场所。

故事板

简（Jane）喜欢历史，并且决定自己一个人去博物馆玩一天。

她买了一张票，在进入博物馆的时候，她的门票就被换成了类似一张全息图。

简感到好奇又惊喜，因为这个全息图是一个历史助手和指南。

她把自己的兴趣告诉了助理，助理回复并引导她去看最适合她的展品。

当她在不同的收藏品中徘徊时，简问亚历克斯关于她身边的作品以及她可能感兴趣的东西。

简有些饿了，问亚历克斯哪里可以用餐。亚历克斯开始导航到一家带有洗手间的餐厅作为下一站。

简现在要离开了，但在她归还亚历克斯之前，她把自己的手机与亚历克斯连接起来，以便把展品留到以后用。

简离开并与朋友分享她的经历，鼓励他们也拥有自己的历史助理。

约翰（John）和艾米（Amy）在约会。他们想做些不同的事情，他们决定去参观博物馆。

当他们浏览埃及的展览时，一件艺术品对他们说话，这让他们大吃一惊。

艾米发现在一件艺术品旁边有个"保持通话"的按钮。她按下按钮问了一个问题。

令艾米高兴的是，这件艺术品做出了回应。约翰的兴趣现在被激发起来了，于是他靠近了一些。

约翰很好奇，想知道展览的互动性如何，所以他问了一个随机但相关的问题。

这件艺术品回答了问题，还提供了关于收藏中其他有声展品的附加信息。

现在他们对谈话的艺术品很感兴趣，他们顺着这个方向去下一部分的藏品，以便了解更多。

他们来到这件艺术品前，并且很高兴能找到埃及历史的另一部分来交谈和学习更多。

视频原型

摄制人员

亚历克斯·埃尔顿·皮姆（Alex Elton-Pym）

高保真原型

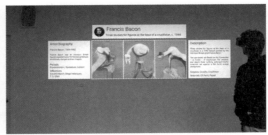

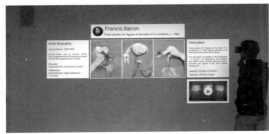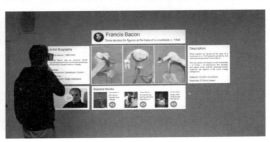

摄制人员

麦肯齐·埃瑟林顿（Mackenzie Etherington）

决策矩阵

标准		人工智能伴侣	全息图助手	生活片段	会说话的展品
物理标准					
实体交互		2	3	3	3
空间因素		1	1	3	2
交互性		3	3	2	3
技术的实施		3	3	2	2
等级		3	2	3	1
美感		1	1	3	- 1
可用性标准					
自动导航		2	3	0	1
误差容限		- 3	0	2	1
年龄不可知		1	1	2	2
有价值的信息		3	2	3	2
可理解的信息		2	3	3	1
有趣的因素		2	2	2	3
支持		3	2	3	3

摄制人员

伊桑·达亚（Ethan Daya）、詹姆斯·霍恩（James Horne）

未来的超市

竞争对手分析

方法（Methods）

环境映射
中午在温亚德车站（Wynyard Station）进行
科尔斯快递（Coles Express）
周一下午 12:30 — 12:45

语境观察
中午在温亚德车站（Wynyard Station）进行
科尔斯快递（Coles Express）
周一下午12:45 — 1:00

观察（Observations）

· 2人一组的顾客比在沃尔沃斯地铁（Woolworths Metro）的顾客多，这可能是因为他们的位置在火车站内。

· 与沃尔沃斯地铁相比，这里的上班族更少，这可能是因为在上班时间，大多数上班族不会乘坐公共交通工具。

关键的见解（Key Insights）

· 这家店的布局大大改变了以顾客为中心的模式，与沃尔沃斯地铁相比，科尔斯的办公室工作更少，而小组更多。

· 由于标识和视觉路径模糊不清，因此采用大型货架会给顾客确定路线带来困难。这会导致由于顾客走路过慢而使购物时间更长。

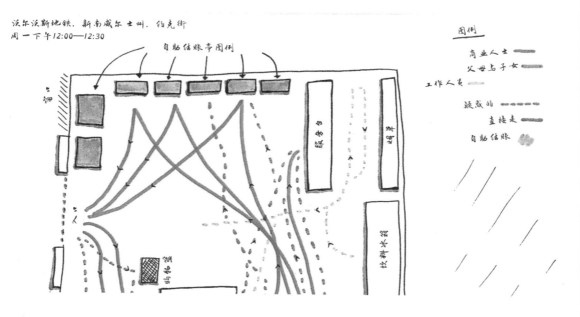

对未来的超市的设计概要的回应涉及一份竞争对手分析和一份对现有超市的空间分析。通过模型和可视化呈现了设想的解决方案。

构思草图

最终可视化

READY TO EAT

READY TO COOK

店内的可视化

我们创建了一个店内可视化，重点放在我们的丰收物货架上，以突出可供选择的大量选项。左边的架子描绘的是晚餐的选择，而左边的架子描述了午餐的种类。所有货架都需要冷藏，以确保每天丰收物的新鲜度。

态势屏幕可视化

最初的态势屏幕可视化是用线框框起来的，然后设计成高保真度，描绘了一个用户在外出活动时检查他们所选择的丰收物。这也是为更多的用户进行测试而开发的。

建筑的楼层平面图

我们精心设计了一个建筑的楼层平面图，用以描绘一个可能的布局，这将优化沃尔沃斯地铁商店的门面。主要关注的是丰收餐和结账的互动性，同时确保丰收物和常客可以毫不费力地进入商店的其他部分以及服务台。

设计 计考作破复

思

制

突

设思制突重 计考作破复

模板

问题

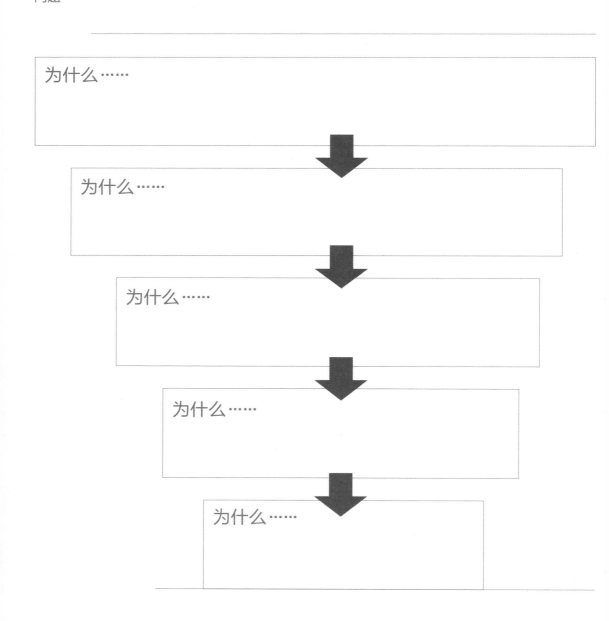

为什么……

为什么……

为什么……

为什么……

为什么……

议题/问题：

	第1轮	第2轮	第3轮	第4轮	第5轮	第6轮
想法1						
想法2						
想法3						

主要合作伙伴	主要活动	价值主张	顾客关系	顾客群
	主要资源		通道	
成本结构			收入来源	

基于 Strategyzer AG 的原始商业模式画布：www.strategyzer.com

				收入来源 ⑧	
顾客群 ①	顾客关系 ②	价值主张 ③	通道 ④		
	主要活动 ⑤		主要资源 ⑥		
主要合作伙伴 ⑦				成本结构 ⑨	

以顾客为导向

基于 Strategyzer AG 的原始商业模式画布：www.strategyzer.com

商业模式实验

主要合作伙伴 ④	主要活动 ②	价值主张 ⑧	顾客关系 ⑦	顾客群 ⑥
	主要资源 ③		通道 ⑤	
成本结构 ① 成本驱动			收入来源 ⑨	

基于 Strategyzer AG 的原始商业模式画布：www.strategyzer.com

卡片分类

项目名称:

促进者: 抄写员:

日期: 时间:

参加人数: 卡片数量:

调查结果:

观察	参与者意见	最终卡片组

设计建议:

通道映射

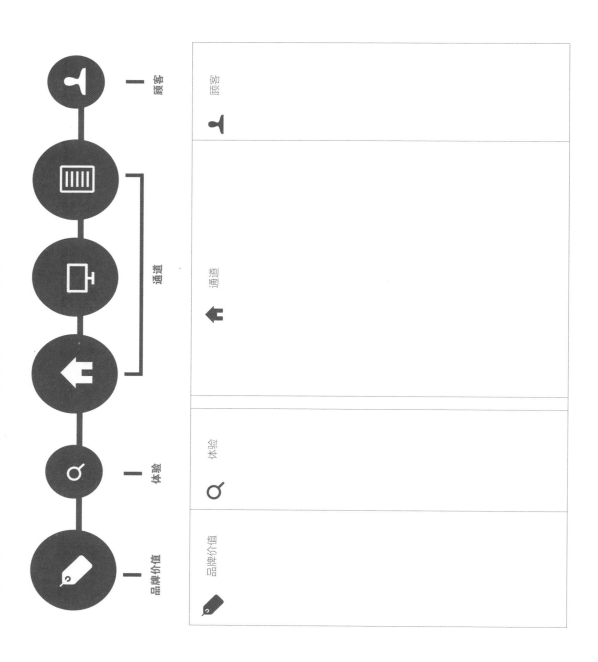

顾客

通道

体验

品牌价值

172

竞争对手分析

竞争对手	竞争对手1	竞争对手 2	竞争对手3	竞争对手 4
顾客群				
主要收入来源				
提供的功能				
通道				
主要活动				
...				
...				
...				

用户目标/任务				
接口部位/位置				
身体行为 （面部表情、凝视、手势、姿势、肢体语言、发出的声音、情绪状态指标）				

标准	资料	概念1	概念2	概念3	⋮	⋮
符合设计概要						
⋯						
⋯						
⋯						
⋯						
⋯						
⋯						
⋯						
⋯						
⋯						
⋯						
⋯						
数目						
负分数目						
总数						

通过选择的隐喻来探讨你正在设计的体验。其中，包含一个示例用于协助你开始通过两种不同的隐喻来重新设计食品配送服务。

	隐喻1 例如，一群蜜蜂	隐喻2 例如，游泳接力队
讲述隐喻的故事	例如，如果一个食品配送服务就像一群蜜蜂，那么一队工蜂可以同时接单并送货上门……	
阐述所触发的概念		例如，"接力棒的移交"可能意味着送餐人和点餐人之间的一种转换。如果有人把接力棒弄掉了怎么办？……
为概念寻找新的含义		例如，"接力棒移交"的概念可以被解释为一种象征性的姿态，而不是一种身体上的交流……
详细地做假设	例如，蜜蜂群比喻高光合作，把平行的方法结合在一起来创造一些事物……	例如，游泳接力队的比喻强调了实现基于时间的目标的线性、连续的方法……
确定隐喻中未使用的部分	例如，当蜂王死后会发生什么？……	

极端的角色

圈出你的极端用户类型：

好心的撒玛利亚人 / 摇钱树 / 浪漫主义者 / 科幻影视迷

_____ 是一个 _____ 岁 _____
<角色名称>   <年龄>   <男士/女士/男孩/女孩>

住在 _____ 并且 _____
                    <地点>   <工作/学习/从事>

他/她 _____
          <价值观/兴趣/需求/动机>

_____

_____

_____

_____

_____

_____

焦点小组

项目名称：

促进者：　　　　　　　抄写员：　　　　　　日期：　　　　时间：

在这里绘制你的焦点小组：

图例　　表格　　　[　　　　　]

　　　　参与者　　　(P1)

　　　　促进者/ 抄写员　(F)　(S)

参与者的意见

主持人的问题或话题	参与者的回复
进行介绍和热身练习	
焦点 1　起草问题和提示	
焦点 2　起草问题和提示	
焦点 3　起草问题和提示	
感谢和结论	

启发式评估	是否违反了启发法？以何种方式？	严重程度
1. 系统状态可见性 系统应该始终在合理时间内，通过适当的反馈，让用户了解正在发生的事情		
2. 使系统与现实世界相匹配 系统应该使用用户的语言，使用用户熟悉的单词、短语和概念，而不是面向系统的术语。遵循现实世界的惯例，使信息以自然且合乎逻辑的顺序出现		
3. 对用户的控制和自由 用户经常错误地选择系统功能，并且需要一个明确标记的"紧急出口"来离开不需要的状态，而不需要经过长时间的对话。请支持撤销和重做		
4. 一致性和标准 用户不必怀疑不同的语言、情景或操作是否意味着相同的事情。请遵循平台的惯例		
5. 预防错误 比好的错误消息更好的是一个精心设计，因为它从一开始就防止问题的发生		
6. 承认而不是回忆 使物品、操作和选项可见。用户不必记住对话中从一个部分到另一个部分的信息。系统的用户所使用的说明应该是可见的，或在适当的时候易于检索		
7. 灵活性与使用效率 新手看不见的加速器通常可以帮助专家用户来加快交互过程，这样系统就可以同时满足没有经验和有经验的用户。允许用户定制"频繁"操作		
8. 美学与极简主义设计 对话不应包含无关或很少需要的信息。一次对话中的每一个额外的信息单元都会与相关的信息单元竞争，并降低它们的相对可见性		
9. 帮助用户识别、诊断并从错误中恢复 错误的信息应该用简单的语言（不要代码）来表达，准确地指出问题所在，并提出一个具有建设性的解决方案		
10. 帮助和文档 虽然系统在没有文档的情况下使用会更好，但它可能需要提供帮助和文档。任何这样的信息都应该易于搜索，请关注用户的任务，列出要执行的具体步骤，且不宜太大		

基于雅各布·尼尔森的10个可用性启发 http://www.useit.com/papers/heuristic/heuristic_list.html

来源（例如社区或社交媒体平台）

数据记录 （例如，引用）	记录的观察 （例如，人口统计数据、沟通方式、兴趣、社交媒体习惯、发布/共享的内容）	解释 （即这些数据意味着什么）	主题 （例如，你看到了哪些常见模式）

此调查问卷的模板用于评估消费者对给定品牌或产品的看法。例如，如果目标是创建一款新的早餐麦片，则列表中应包括著名的谷类食品，如家乐氏全麦麸、家乐氏玉米片、家乐氏脆谷乐杂粮、雀巢巧克力等。请在以下列表中填写品牌或产品的名称——每个列表中填写一个。确定成对的对立属性，例如便宜的和昂贵的，并将它们添加到每个列表中。

语义差异量表
请参与者根据他们对以下列表的看法对每种产品进行评分

1＿＿＿＿＿＿＿＿＿＿＿＿＿＿＿＿＿＿＿＿＿

	-5	-4	-3	-2	-1	0	-1	-2	-3	-4	-5	
便宜的												昂贵的

2＿＿＿＿＿＿＿＿＿＿＿＿＿＿＿＿＿＿＿＿＿

	-5	-4	-3	-2	-1	0	-1	-2	-3	-4	-5	
便宜的												昂贵的

请在数据中寻找重要变量，并在范围的每一端为这些变量添加标签。将研究数据中的每一个个体映射到范围上，用一个字母来代表它们。

寻找模式：相同的字母在多个变量中并排出现吗？

男性 ── 女性

年轻 ── 年长

──

──

──

──

──

头像： 素描或图片

人物角色类型

姓名

职业

年龄　　　　　　性别

背景：人生故事的简要描述

动机：为什么该人物角色需要使用这个产品/服务？

挫折：是什么让人物角色对这个产品/服务感到沮丧或恼火？

理想的经验/目标/愿望/感受

引言：总结人物角色的经验

重新构架

对产品或服务的简短描述：

_____

_____

用更改后的关键词进行描述：

版本1（改变参与其中的某个人或人们）

_____

_____

_____

版本2（改变发生位置的设置）

_____

_____

_____

版本3（改变目标）

_____

_____

_____

根本目标

_____

_____

重新书写问题陈述

_____

_____

_____

例如，你是一位来度假的旅行者，来到自动取款机前想取一大笔当地货币现金。你的英语不是很流利。

你是一位 _____ （人）

已经来到了 _____ （背景）

为了做： _____ （目标）

(背景，细节) _____

你是一位 _____ （人）

已经来到了 _____ （背景）

为了做： _____ （目标）

(背景，细节) _____

你是一位 _____ （人）

已经来到了 _____ （背景）

为了做： _____ （目标）

(背景，细节) _____

故事结构

设置场景

介绍角色

问题/议题/需求/动机

被发现的事物/解决方案

描述

短标题:

关键品质

让这些在你的概念中可见

1	2	3

服务蓝图

步骤	叙述大纲
1.选择你的科学并建立你的世界	
2.科学的拐点	
3.科学对人产生的后果	
4.人类的拐点	
5.我们学到了什么？	

资源来源：Based on: Johnson, B. D. (2011). Science fiction prototyping: Designing the future with science fiction. Synthesis Lectures on Computer Science, 3(1), 1–190.

请利用10秒时间完成列表中的每一个步骤

1.用草图绘制一个任何类型的建筑。草图应该很快完成并且是低保真型	2.用草图绘制一扇门	3.用草图绘制一扇能让我和我的猫进来的门
4.绘制一扇门,在打开门之前,让我知道谁在另一边	5.绘制一扇门,这扇门可以让我身处另一侧,却也可以让我有一些隐私	6.绘制一扇门,这样可以使我坐在一个轮椅上穿过它
7.绘制一扇门,这样可以让我把大的物体带进去	8.绘制一扇允许通风的门	9.绘制一扇可以让我登上屋顶的门
10.绘制一扇能让人振奋且惊叹的门	11.绘制一扇能够帮助我把路过的人分隔开的门	12.绘制一扇通往后院的门

思考一下你需要绘制多少扇门才能满足每个场景,是否有满足多种情况的门?

查看从步骤1开始,有多少扇门可以装进大楼?

资源来源:苏普里娅·佩雷拉(Supriya Perera)在《2014年澳大利亚用户体验》中的演讲

项目/标题：

1

2

3

4

5

6

访谈总次数

主题	引用或摘录示例	表达主题的人数，例如3个受访者	参考文献数量，例如73个参考文献	注释/评论 这对你的设计意味着什么？

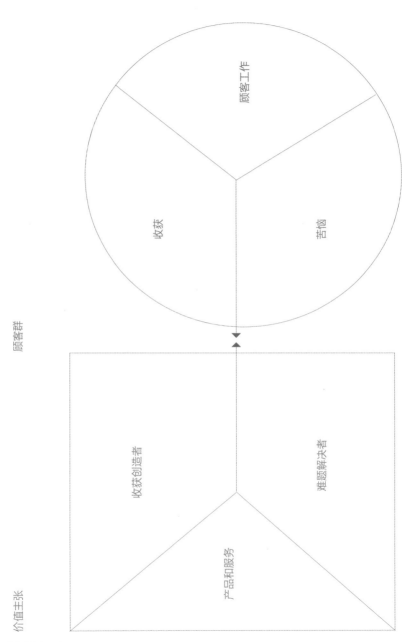

基于Strategyzer AG的原始价值主张画布；www.strategyzer.com

大声思考协议

用户目标/任务	界面部分/位置	口头协议		

记录者 _____

参与者 _____

测试产品（例如网站的统一资源定位地址）：_____

任务 （输入每个任务的简要说明）	好的结果 0 = 未完成 1 = 在困难或帮助下完成的 2 = 容易完成的	完成的时间	错误数量	注释/观察 （请注意用户成功与否的原因，例如路径错误、混乱的页面布局、导航问题、术语）
#1.				
#2.				
#3.				
#4.				
#5.				

系统可用性量表

参与者 _____

		完全不同意				完全同意
		1	2	3	4	5
1	我想我会经常使用这个系统					
2	我发现这个系统没必要那么复杂					
3	我觉得这个系统很容易使用					
4	我想我需要一个技术人员的支持才能使用这个系统					
5	我发现这个系统的各个功能都很好地集成在一起					
6	我觉得在这个系统中有太多的不一致性					
7	我可以想象到大多数人会很快学会使用这个系统					
8	我发现这个系统使用起来很麻烦					
9	我对使用这个系统很有信心					
10	在我可以开始使用这个系统之前，我需要学习很多东西					

资料来源：Source: Brooke, J. (1996). SUS-A quick and dirty usability scale. Usability evaluation in industry, 189(194), 4-7.

同意书

我同意参与这项研究并进行录音 _____.

我同意：
会议被录制音频/视频（根据需要划掉）。
为了记录这项研究的发现而使用图片和视频记录。
本人明白本研究所收集的资料只作研究用途，本人的姓名及形象不会做任何其他用途。我放弃录音的任何权利。
我理解参与这项可用性研究是自愿的，我同意在与研究管理员的会议期间立即提出任何担忧或不适之处。
我确认我已阅读并理解此表格上的信息，我可能对会议提出的任何问题都已得到回答。

日期：_____
请把你的名字打印出来：_____
请签上你的名字：_____
谢谢！感谢您的参与。

阶段	活动	想法/感受	接触点	困扰/收获地图

请在第一行中填写已确定的用户简介，例如"预算旅行者""常客"等。在第一列中填写附加属性，例如技能、技术专长、态度、角色、职责等。

用户简介 类型							
	年龄范围	动机	需求				

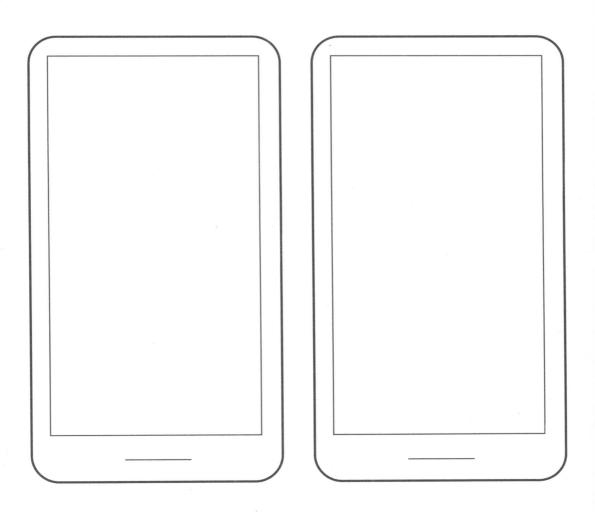

设计　思考　制作　突破　重复

计考作破复

设计团队

作者

马丁·托米奇（Martin Tomitsch）

马丁·托米奇博士是悉尼大学建筑、设计和规划学院的副教授和设计系主任，也是设计实验室的主任。他在维也纳理工大学获得信息学博士学位。他的研究集中于设计在塑造人与技术之间的互动中的作用。自 2004 年起，他一直教授交互设计。他是澳大利亚人机交互特别兴趣小组（CHISIG）的国家联席主席，维也纳理工大学工业软件研究组（INSO）的客座讲师，北京中央美术学院的客座教授。

卡拉·瑞格利（Cara Wrigley）

卡拉·瑞格利博士是悉尼大学设计创新专业的副教授，其隶属于设计实验室——建筑、设计和规划学院的一个跨学科研究小组。她是一位工业设计师，致力于研究设计在商业中的价值，特别是通过创建策略来设计商业模式，从而使客户产生情感化的参与。她的主要研究兴趣是应用和采用各种工业部门的设计创新方法，以更好地解决潜在的顾客需求。到目前为止，卡拉·瑞格利的研究已经跨越了研究边界，并出现在众多的学科出版物上。

玛德琳·波思威克（Madeleine Borthwick）

玛德琳·波思威克是悉尼大学建筑、设计和规划学院的副讲师。她负责教学和协调设计科目，包括用户体验设计、交互设计、设计流程和方法以及三维建模和制造。此外，玛德琳是一名执业互动设计师和Kiss the Frog Australia的主管。Kiss the Frog Australia是一家专门为博物馆和游客中心设计多媒体创意体验的咨询公司。玛德琳·波思威克的专业背景是交互设计（代尔夫特理工大学，荣誉学位）和工业设计（悉尼理工大学，荣誉学位）。

纳西姆·艾哈迈杜尔（Naseem Ahmadpour）

纳西姆·艾哈迈杜尔博士是悉尼大学设计计算专业的一名讲师。她在蒙特利尔综合理工学院获得设计与交互博士学位。纳西姆的研究跨学科，并广泛关注于幸福感设计。具体来说，她研究新的设计可能性以满足人类的基本需求和价值观，从而增强动机和自我调节的能力，特别是在健康领域。纳西姆曾在斯威本科技大学和包括庞巴迪宇航公司在内的机构任职，并曾在代尔夫特理工大学做过访问学者。纳西姆在一流的设计和人为因素杂志及会议上发表过文章，包括应用工效学、工效学和设计研究会。

杰西卡·弗雷利（Jessica Frawley）

杰西卡·弗雷利博士是教育创新专业的一名讲师，也是悉尼大学建筑、设计和规划学院的名誉助理。杰西卡拥有跨学科背景，取得了信息技术和人文学科的学位，她的工作重点是从人的角度设计和理解技术。她曾在一系列学术、商业和政府机构担任研究员和设计师，但她尤其关注教育和学习技术。她的研究和教学已获得多个奖项，并在众多媒体上发表。

A. 巴克·科卡巴利（A. Baki Kocaballi）

A. 巴克·科卡巴利博士是悉尼麦考瑞大学人工智能和交互设计的一名博士后研究员。2013 年，他在悉尼大学获得了交互设计的博士学位。在攻读博士学位之前，他在中东科技大学获得了信息系统的硕士学位。他在设计和开发教育及医疗应用程序方面拥有丰富的知识和经验。他曾多次获得学术和艺术奖项，并得到业界认可。他的研究兴趣包括情境和关系设计方法、行动者网络理论、人工智能、用户体验、电子健康、对话界面、构思和参与式设计。

克劳迪娅·努恩·佩切科（Claudia Núñez-Pacheco）

克劳迪娅·努恩·佩切科是悉尼大学设计实验室的一名设计研究员和博士在读生。她的研究方向包括有关身体的认知方式如何被用作设计构思、评估、洞察力和移情的材料。在她的研究过程中，克劳迪娅从事了一项多学科的探索，将人机交互（HCI）与体验心理学工具的设计方法相结合。克劳迪娅曾经两次获得国家科学技术研究委员会奖学金（智利），此外，她还通过各种国际人机交互和设计出版物来传播自己的研究成果。

卡拉·斯特拉克（Karla Straker）

卡拉·斯特拉克博士早期是悉尼大学建筑、设计与规划学院设计实验室里的一名职业发展研究员。她拥有昆士兰理工大学设计（工业设计）学士学位和博士学位。她的研究是在一个跨学科的背景下探索数字化渠道参与的设计，通过从设计、心理学、营销和信息系统等领域的理论方法进行研究。她的研究旨在了解如何通过对情感的深入理解来建立和维持与客户的关系。在其研究工作中，她强调设计和评估设计创新领域的新方法。卡拉在市场营销、互动技术、商业和设计等领域的专业杂志上发表过众多论文。

连·洛克（Lian Loke）

连·洛克博士是悉尼大学设计计算专业的高级讲师，并且是交互设计和电子艺术专业系主任。她在悉尼理工大学获得交互设计博士学位。其研究探索了交互的美学和创造性的设计方法，为用户体验互动技术提供了舞蹈、表演和身体学。她曾在一流的设计和人机交互杂志上发表过文章，例如《人机交互中的转换》和《国际设计杂志》。

其他撰稿人

乔治·佩普（George Peppou）

乔治·佩普是悉尼大学设计实验室的一名博士在读生，主要研究设计思维在复杂技术商业化中的作用。乔治与业界密切合作，并指导早期的技术初创公司。

达格玛·莱因哈特（Dagmar Reinhardt）

达格玛·莱因哈特博士是悉尼大学建筑、设计和规划学院建筑与环境艺术专业的项目主管。莱因哈特的研究将建筑性能扩展到有关音频声学和结构工程的设计研究及跨学科实践中，重点放在复杂几何体的声学行为工程上。

亚历克斯·加勒特（Alex Garrett）

亚历克斯·加勒特博士是悉尼大学的一名博士在读生。他于 2013 年获得工业设计学士学位（一等荣誉）。亚历克斯目前正在攻读设计主导创新的博士学位，该课程计划于 2018 年完成。亚历克斯多次在一流的设计、商业和创新会议及杂志上发表过文章。

术语汇编

功能可见性（Affordance）

功能可见性是一个关系概念，它解释了一个特定的动作电位是如何在主体能力和客体属性之间匹配中产生的。例如，如果一个物体自身在适当的高度上有一个足够大的平面，那么它可以提供可坐的能力。

概念图（Concept mapping）

概念图用于直观地展现、组织并使一个主题的想法形成体系。单个概念被置于圆圈中，并通过直线或箭头与其他相关概念相连，这些直线或箭头附带描述关系的简短描述标签。一种常见的组织方法是按层次顺序排列概念。

概念模型（Conceptual model）

概念模型是代表一个产品的工作机制的整体形象。它由一个产品的特性和附带的文档构成。一个好的概念模型应该与用户的心理模型相匹配，从而促进一种无误差的用户体验。

聚合思维（Convergent thinking）

聚合思维旨在通过消除不太可行的想法来缩小解决方案的空间。它通常发生在一个发散的思维过程产生许多不同的想法之后。例如，分析不同用户原型的用户测试涉及聚合思维的过程，导致备选方案的数量减少。

发散思维（Divergent thinking）

发散思维旨在通过产生尽可能多的想法来扩大解决方案的空间。发散思维跟随在聚合思维通过减少可供选择想法的数量的过程之后。发散思维通常关注思想的数量而不是质量。头脑风暴是应用最广泛的发散思维方法。

格式塔心理学（Gestalt）

格式塔心理学或整体论指的是，如果几个看似独立的项目按照 6 个格式塔原则中的任何一个来组织，那么它们可以被视为一个整体或系统。这 6 个格式塔原则包括相似性、延续性、封闭性、接近性、图形 / 背景、对称性和秩序性。

界面（Interface）

从一个高层次的角度来看，界面是一个连接模拟和数字的系统。用户界面（UI）可以定义为技术产品的交互部分，用于协调硬件和人之间的通信。一个好的用户界面可以实现自然且透明的交互，使得用户可以专注于他们的日常任务（例如写作和发送一封电子邮件），而不必担心此操作背后的技术问题。

李克特量表（Likert scales）

李克特量表是衡量一个人对一个陈述的反应的一种方法。虽然存在各种各样的量表，然而通常情况下，一个偶数点的量表被用来质疑人们同意或不同意这个陈述的程度。这通常需要一个人从 5—7 个预先编码的选项中选择，中间点是中性点。

心理模型（Mental model）

心理模型是人们对周围事物如何运作的概括。在设计中，它允许用户根据自己以前使用类似产品的经验来理解新产品并与之交互。心理模型可能是不完整且模糊的，并导致错误。因此，设计师的目标是减少用户的心理模型与产品特性之间的任何不匹配。

参与式设计（Participatory design）

参与式设计产生于一种担忧，即那些生活将受到一项新引进技术影响的人们，他们需要对这些技术的设计有发言权。参与式设计通过提供各种方法，使设计项目的利益相关者能够共同开发、原型化和测试可供选择的方案。

模式（Patterns）

模式是一个给定的环境中对一个常见问题的可重复解决方案。它不是一个可以被直接应用的成品设计。相反，模式也需要经过解释来确定如何正确地应用它们。模式出现在许多不同的设计领域，包括界面设计、建筑和软件开发。

语义差异量表（Semantic differential scales）

语义差异量表通过使用和对比语义术语（如愉快与不愉快）来评估一种体验的非物质和主观特征。这些特征表现在一个连续体的两端，允许个体在他们的经验和这些特征之间建立联系。

利益相关者（Stakeholders）

利益相关者是对设计问题或解决方案有既得利益或关注的个人、团体或组织。

隐性知识（Tacit knowledge）

隐性知识是通过经验积累起来的，并且是我们做或说的许多事情的基础。这不仅仅是我们通常所能表达或写下的。具体化的方法，例如角色扮演或体力激荡依赖于如何在世界上行动、感知和感觉的隐性知识。

出版说明

项目负责人：马丁·托米奇

项目协调：玛德琳·波思威克

引言：马丁·托米奇和卡拉·瑞格利

方法与练习：马丁·托米奇、卡拉·瑞格利、玛德琳·波思威克、纳西姆·艾哈迈杜尔、杰西卡·弗雷利、A.巴克·科卡巴利、克劳迪娅·努恩·佩切科、卡拉·斯特拉克、连·洛克，以及来自的其他撰稿人：亚历克斯·加勒特、乔治·佩普、达格玛·莱因哈特

方法和练习的编辑：马丁·托米奇和玛德琳·波思威克

模版：除非另有说明。马丁·托米奇、卡拉·瑞格利、玛德琳·波思威克、纳西姆·艾哈迈杜尔、杰西卡·弗雷利、A.巴克·科卡巴利、克劳迪娅·努恩·佩切科、卡拉·斯特拉克、连·洛克

版式与平面设计：马修·费伯格

草图：尼卡斯·辛格

图表：A.巴克·科卡巴利

本书基于悉尼设计思维工具包项目，该项目是由悉尼大学战略教育资助计划所资助的2016年教育创新计划。

www.designthinkmakebreakrepeat.com
contact@designthinkmakebreakrepeat.com